交通运输部海事局青年工作委员会 编著

人民交通出版社
China Communications Press

内容提要

《优秀的力量》图文并茂地展示了海事系统青年职工英姿勃发，充满活力，敢于梦想和实践，善于创造和延续的风采。《思想的声音》全程回顾了“青春杯”海事青年辩论赛的激烈赛况；在实录的辩词中，可以感受到他们在不断的自我发现和成长中告别青涩的思考。《从这里出发》收录汇编了有关海事青年工作的文件，反映了全系统对青年的关怀和期望。这套合辑，是对部分海事青年青春的解读，并期望以此传递思想的声音，让更多的年轻人从字里行间体味别样的人生、感受优秀的力量。

图书在版编目（CIP）数据

从这里出发 ：海事青年工作文件汇编 / 交通运输部海事局青年工作委员会编著. -- 北京 ：人民交通出版社，2012.12

（我们）

ISBN 978-7-114-10185-4

Ⅰ. ①从… Ⅱ. ①交… Ⅲ. ①海上运输－交通运输系统－青年工作－文件－汇编－中国 Ⅳ. ①D432.6

中国版本图书馆CIP数据核字(2012)第260935号

书　　名：从这里出发——海事青年工作文件汇编
著 作 者：交通运输部海事局青年工作委员会
责任编辑：张雨佳
出版发行：人民交通出版社
地　　址：(100011)北京市朝阳区安定门外外馆斜街3号
网　　址：http://www.ccpress.com.cn
销售电话：(010)59757969，59757973
总 经 销：人民交通出版社发行部
印　　刷：深圳市德信美印刷有限公司
开　　本：787×1092　1/16
印　　张：6.75
字　　数：173千
版　　次：2012年11月第1版
印　　次：2012年11月第1次印刷
书　　号：ISBN 978-7-114-10185-4
印　　数：0001-2000册
定　　价：50.00

主编单位　交通运输部海事局青年工作委员会

主编　许如清　陈爱平
常务副主编　徐津津　张双喜
副主编　黄　何　郑和平　曹德胜　翟久刚　李世新
编委　张吉庆　马　军　韩　伟　曹　玉　葛仁义
戴厚兴　鄂海亮　徐新中　李恩洪　曾　晖
李光辉　郝立志　邱　铭　王士锋　谢笑红
胡锡润　解启杰　丁宝成
总策划　邱　铭

优秀的力量 The Power of MODELS

策划　邱　铭　宋永强　张宏宇　李洁莹　牛春荣
贾亚伯　潘　政　杨娟星　税宗超　刘　政
陈在长　孔　朋
编辑　张永刚
总撰稿　吴　冰
撰稿　陈桂娟　谢庆岚　汪　蓓　刘殿然　任晶惠
刘　芳　冯立侠　顾　博　刘　倩　李　盛
李欢乐　杨娇娇　成　瑛

思想的声音 The Sound of THOUGHT

策划　邱　铭　刘卫兵　宋永强　张宏宇　徐智海
刘　磊　陈洪国　李洁莹　蒋群英　郭　静
贾亚伯　牛春荣　潘　政　杨娟星　税宗超
刘　政　陈在长　孔　朋　毛东海　马桂山
编辑　张永刚
文稿编辑　刘　芳　肖　凡　陈　方　张　宁　眭贞嬿

从这里出发 start from HERE

策划　邱　铭　李　伟　宋永强　朱可欣　张宏宇
编辑　张永刚
撰稿　张宏宇　李洁莹　牛春荣　贾亚伯　潘　政
杨娟星　税宗超　刘　政　陈在长　孔　朋
刘　芳

校对　刘　芳

我们 WE
The Power of MODELS
The Sound of THOUGHT
start from HERE

前言/PREFACE

青年时代，是人一生中最美好的岁月。它生机盎然、朝气蓬勃，饱含热情和力量，充满求知与进取，蕴含着巨大的信心和希望。

在全国直属海事系统，青年职工的比例高达40%。他们拥有无价的青春，他们英姿勃发，充满活力。他们敢于梦想和实践，善于创造和延续奇迹；他们坚守信仰，忠于使命，勇于行动，在不断的自我发现和成长中告别青涩，完美蜕变。他们，是我国由海员大国向海员强国转化的推进者、是我国由海运大国向海运强国挺进的实践者、是我国由海事大国向海事强国转变的承担者。他们，将青春挥洒在祖国的江河湖海，用或深或浅的足迹丈量人生。那一串串青春的脚印，满盛着信仰、使命和行动，闪耀着勇气、责任和光芒。

青春不是挥霍的资本，而是成长的历练、未来的基石。“十二五”时期全面推进“四型”海事建设，需要包括广大青年在内的全体海事人共同努力；实现海事事业的科学发展，需要海事青年奋勇承担。“我的青春我做主！”越来越多的海事青年听从内心的呼唤，忘我奉献，激情燃烧。他们对人生充满信心，毫不畏惧前行道路上的荆棘障碍，把美丽的青春牢牢握在手中，追逐理想，刻苦学习，攻坚克难，锤炼作风，超越自我。他们的生命因青春的绽放而绚丽夺目，他们的生活因青春的奉献而多姿多彩。

一个时代的精神，是青年代表的精神；一个时代的性格，是青春代表的性格。未来在青年手里，信任青年就是信任未来，爱护青年就是热爱未来。给青年创造支点，让青年创造未来。做好新时期的青年工作，是全体海事人的共同责任。

这套丛书，是对部分海事青年的青春解读。期望通过文字传递思想的声音，让更多的年轻人从字里行间体味别样的人生、感受优秀的力量。期待更多的海事青年共同学习、互相激励、磨砺自我，期待他们担当重任并发出响亮的青春宣言——我们就在这里，就在这个时候！希望、阳光属于我们！这个世界属于我们！

“青春之所以幸福，就是因为它有前途。”让我们高扬青春的风帆，从这里出发！

目录

CONTENTS

start from

直属海事系统青年工作会议领导讲话

PART 1

在直属海事系统青年工作会议上的讲话

交通运输部党组成员、副部长
交通运输部海事局局长　徐祖远

2011年6月30日（现场讲演稿）

各位与会代表：

很高兴能够和大家相聚在中国最年轻的城市——深圳。每座城市都有自己的性格和气质，深圳的气韵就是充满生机与活力和富有创造力，敢于梦想和实践，善于创造和延续奇迹，而这也是和青年人的特点相吻合的。因此在这座城市召开首届海事系统的青年工作会议是很有寓意的。能在年轻的城市里与年轻人在一起就青年工作这个话题进行交流，确实是个难得的机会，最大的心理感觉是自己变得年轻了。首先我代表交通运输部党组和李盛霖部长对会议的召开和获得表彰的十大青年标兵表示热烈地祝贺！向长期以来关心海事系统青年成长的各级领导和青年工作者表示崇高的敬意！向为海事系统做出贡献的全体青年朋友们表示诚挚的谢意！刚才如清同志为大会做了报告，讲得很好。团中央城市青年工作部的领导讲话对我们做好青年工作很有指导意义。爱平同志还将做会议总结讲话。为了开好这次会议，筹备组人员认真开展工作，我看了全部的会议文件，感到他们确实下了很大的功夫。鉴于讲话稿已经发给你们了，我就不再念讲话稿了，想以平等、开放、轻松、自然的心态与你们，并通过你们与全国海事系统的青年们聊聊天，我希望你们不要把我讲话稿和下面聊天的内容当做所谓的领导重要“指示”和“讲话”，而是作为同事间的一次交流，是海事青年这个共同感兴趣的话题把我们召集在一起，我们可以交换一下各自的思考。

31，33.7，14。

这是一组简单的数据。但是自公元2011年6月15日开始，它却一度吸引着世界的眼球，主导着舆论的话题，甚至牵动了亚洲区域安全的风云。这就是我们的海巡31，载着平均年龄只有33.7岁的年轻海事官，经过14天远航，成功完成了出访新加坡的任务，被称之为友好交流之旅、合作发展之行。

客观地说，这仅是一次遵循国际惯例，正常的海域巡航、公务船出访；但却引发了众多猜测，在喧嚣过后，静心思考，至少可以有三点体会：一是如此的轰动效应，首要的原因是海巡31出访赶上了一个敏感时期，触碰了一个热点话题，而非我们出访的初衷，更不是我们实力使然。二是虽然我们是因为“被”关注而成为焦点的，但究其根源是在于我们身份和职责的特殊性，我们的任何行动都会受到社会的关注。三是扪心自问，我们现在的实力与舆论提及、国民期待的能力和水平还有很大的差距，需要卧薪尝胆、励精图治。

同时，对于这件事，不论你是觉得应该拍手称快，还是觉得应该扼腕长叹，一个不争的事实是：我们这支年轻的海事青年团队作为亲历者成为了一个重大舆论焦点的制造者，而且这个影响将会在未来日益彰显。这次经历不仅对他们是一次难忘的回忆，也对全体海事系统的青年们有着深刻的启示，这就是应该如何认识大家所投身的海事事业，应该如何认识自身和这项事业的关系？

对这个问题，把自己比作一只不停地叮咬人们、唤醒人们的牛虻的苏格拉底有句醒世名言：未经省察的人生没有价值。对此，我想用六个字、三个关键词和大家做个探讨，这就是：信仰、使命、行动。

信　仰

有这样一个故事，微服私访的国王经过一处建筑工地，问三个同样在挥汗如雨的石匠们知不知道自己在干什么？第一个石匠无奈地回答“我在做养家糊口的事，混口饭吃”；第二个石匠快乐地回答“我在做国家中最出色的石匠工艺”；第三个石匠自豪地回答“我正在建造世界上最伟大的教堂”。三个石匠对同一个问题给出了三个不同的答案，体现出了三种不同的境界，也反映了他们对于自身和事业关系的态度。

从2001年开始，平均每年都会有600多名新生力量进入到直属海事系统，目前40岁以下的青年人已经占到直属海事系统总人数的40%。毋庸讳言，在这些人中，三个石匠的影子都能找到。尽管在一定条件下，一定意义上，他们可能会在某一天殊途同归，但是更多的时候：不同的出发点，不同的目标设置，必然决定不同的人生高度，不同的人生轨迹。而产生不同结果的原因，就在于是否怀揣信仰。

信仰，对于今天的很多国人来说，已经是个陌生、遥远、甚至怪异、滑稽的词语了，尽管早在著于唐朝的《法苑珠林》中就有了它的身影（生无信仰心，恒被他笑具）。打开百度搜索引擎，键入信仰，你能得到1亿个网页（这还是因为系统最多只能呈现出1亿个），并且能够找到标准的概念：信仰是一套人生价值体系。但是在价值多元化、彰显自我、物质化的今天，它更多的时候只存在于人们的口头、笔头。这是一种悲哀，更是一种危机。因为一个没有信仰的人，就像一艘没有罗盘的航船；一个没有信仰的种群，只会是一个精神萎靡的种群。可以这样说，人无信仰，就无精神；人无精神，就无行为底线。社会最大的危机是信仰危机、精神危机。我们应该庆幸，在迷失的人群之外，还有杨庆文这样有信仰的人；我们应该自豪，杨庆文这样有信仰的人，正是我们中的一员。他用自己的行动，用自己的人生告诉我们，信仰是追求和奋斗的起点，是力量和意志的源泉，是卓越和高洁的基点。信仰产生忠诚，信仰产生价值，信仰产生奉献。一个有信仰的人，能够感染一个有追求的群体；一个有追求的群体，能够造就一个有希望的组织；一个有希望的组织，能够成就一个有活力的事业；一个有活力的事业，能够支撑一个有前途的民族；一个有前途的民族，能够创造一个有传奇的文明。

青岛港码头工人有这样一句话，叫做“用身边的人讲身边的事，用身边的事教育身边的人”，杨庆文没有用语言表述过他的信仰，他的信仰是通过日常生活和年轻的生命来书写的。但是通过他的经历，我们能够看到他的心路历程，能够找到他的信仰，一个中国海事青年的信仰——在祖国的事业中实现自身价值。

现在有两句耐人寻味的话，一句叫做“要相信相信的力量”。另外一句叫做“有信仰的人是不需要心理医生的”。我期待更多的海事青年能够有这种情怀，能够有这种信仰。因为这标志着大家完成了从选择职业到选择事业的转变，完成了从普通社会青年向中国青年海事官的转变，完成了从个人寻梦到为国圆梦的转变。

使 命

近年来，管理学、心理学等学科为了让观点更鲜明生动，都愿意从名著中找寻启示和案例。在这里我也借鉴一下，解读下《西游记》的主题。对于这部脍炙人口的小说，我认为其主题也可以被概括为三个关键词，也就是我们今天要谈的三个话题：信仰、使命、行动。对于唐僧团队，弘扬佛法、追寻济世真经是他们的信仰，西天取经是他们的使命，战胜九九八十一难是他们的行动。如果说这是戏说，我们再回溯到中国近现代的史实中看看那些年代的60、70、80、90后们——孙中山（1866）、章炳麟（1869）、黄兴（1874）、陈独秀（1879）、鲁迅（1881）、李大钊（1889）、毛泽东（1893）、周恩来（1898）……他们的信仰是献身真理、救国济世，他们的使命是民族解放、国家崛起、人民觉醒，他们的行动是抛头颅、洒热血、不屈不挠、开天辟地，他们给历史留下的是让后人知道他们是为了谁。

在和一些青年人交谈时，我常会提及一个观点，就是作为一个有着灿烂文明的古国，我们的祖先早就用一些简洁而深刻的语言将人生真谛提炼总结了出来，这是中华民族的宝贵财富，是非常值得青年人铭记并实践的。但无论是“三立”（立德、立功、立言），还是“修齐治平”（修身、齐家、治国、平天下），尽管在精神层面是相通的、在时间层面是相承的，都是在表述有价值的人生使命，但是在不同的时代，青年担负着不同的使命。这些使命基于信仰，源于时代，承载于事业。至此我们也可以从这三个维度，讨论下海事青年的使命了。

首先是信仰维度。自建党以来，90年的苦难辉煌历程中，每一个光辉不朽的名字都是一座丰碑，正是他们造就了今日中国。

然后是时代维度。虽然和19世纪的同龄人相比，新时期的青年没有保国存种的危机，但是也绝不是生活在和煦阳光之下。对此，我们不提日益激烈的全球化竞争和制度交锋、文明碰撞，只说说谁“最关注”青年的成长？不知道在座的同志们有多少人知道《十条诫令》，如果知道，刚才的问题也就有了答案。所以这个答案我留给你们去寻找。这个答案是足以让年轻人警醒的，也足以令我们各级组织与干部反思的。新时期的年轻人是新中国成立后的受益者，也是共和国发展接力赛的接棒者。大家必须知晓前人努力创造并不断积累的政治红利也会坐吃山空的，我们不会忘记苏联解体时，苏联共产党在80年里创造的财富被西方无偿占用，而苏联人在西方那里却一无所获，就是这样的结果，连苏联老红军都一声不吭！这场接力赛从接棒开始就要冲刺，不是赢得时代角逐的胜利，就是输掉民族发展的未来。

最后是事业维度。作为中国海事离事归政后的第一代海事官，我们站在这样的时间轴和关键点上：中国由海员大国向海员强国转化的推进者；中国由海运大国向海运强国挺进的实践者；中国由海事大国向海事强国转变的承担者。

因此，我想海事青年、乃至全体中国海事官员能否树立这样一个使命：为全面履职而行动。这个使命因此，我想海事青年、乃至全体中国海事官员能否树立这样一个使命：为全面履职而行动。这个使命是和中国海事“三保一维护”（保航行安全、保海洋清洁、保船员安心、维护国家主权）的职责相系的，是和中国海事的精神文化内核相通的，是和中国海事既往历程、目前状态、未来任务相连的，是和中国海事青年个人成长与中国海事事业发展相融的。我想把这个使命抛砖引玉留给大家讨论，期待能听到你们的回应，用你们的话讲是不是叫：欢迎灌水、拍砖，大家一起来建楼。

行　动

“千里之行始于足下”。但有段时间，似乎“行动”成为了管理理论和实践的重大课题，《把信送给加西亚》、《执行》这类的书籍销量都不错，还诞生了一个新词：执行力。其实这些并不是西方管理学家的首创，这在我们中国人的智慧宝库中早就屡见不鲜。传说中的《愚公移山》，讲得是行动就有奇迹；课本里的《为学　蜀鄙二僧》，讲得是心动不如行动，还有一则黄永玉老先生说过的小故事也很传神。他说：螃蟹、猫头鹰和蝙蝠去上恶习补习班。数年过后，它们都顺利毕业并获得博士学位。不过，螃蟹仍横行，猫头鹰仍白天睡觉晚上活动，蝙蝠仍倒悬。他讲的是：行动比知识更重要。

因此，关于行动，我想给大家提一条希望：思想象鸽子，做事象钉子。

希望大家在工作中要善于创新、敢于创造，也要脚踏实地、既博又专，敢于超越，把自己的长处发挥到极致。33年的高考，出了1000多名高考状元，但是在政治、经济、文化、科研、外交、军队领域中没有一个是顶级的现实状元，当然也没有出过一个干得最坏的高考状元。难怪老百姓说我国高学历人是铺天盖地，但看不到在世界上顶天立地的人才。我们既要以成为一名杨庆文式的海事官为荣，也要敢于想象自己驰骋在世界海事舞台上。我一直有一个期待，就是有一天能够由中国人出任世界海事界的顶级专家乃至是国际海事组织秘书长。这将是中国航运崛起、中国海事成熟的一个重要指标，到那时我们海事人在行业内一定会被高看一眼，厚爱一份！当然要实现这个目标，不仅年轻人要努力，我们各级领导和组织更要努力。我们要知道，人才培养是时间最长、成本最大、难度最高的管理项目。要着力改变“闭上眼睛到处都需要人才，睁开眼睛到处都在浪费人才’的现象。所以我建议海事局要专门做个研究，和相关司局切实做个有顶层设计的系统规划。

青年朋友们。信仰是使命的指南，使命是行动的指令；行动是使命的实践，使命是信仰的作为。崇高的信仰，产生光荣的使命；光荣的使命，激发坚定的行动。坚定的行动，实现光荣的使命；光荣的使命，成就崇高的信仰。在信仰的感召下，能求索到值得奉献一生的使命；在使命的召唤下，能焕发出可以义无反顾的行动。我们在行动的催进中，体验使命达成的喜悦；在使命的实践中，验证信仰高洁的崇高。

年轻的中国海事官们。我期待你们能够坚守信仰，忠于使命，勇于行动。你们应该比其他人更懂得发展海洋经济对我们伟大民族复兴的重要意义，也都应该用这句话共勉：中国人的荣耀来自于海上，中国人的屈辱也来自于海上，中国人的尊严还要从海上找回来！

今天是海事系统第一次召开青年工作会议，这将是一个好的开端，一个海事青年工作迈进和推动海事事业前进的开端。而我今天的讲话也想在这里回到开端：深圳又名“鹏城”，再过43天这里将举办第26届世界大学生运动会。《庄子·逍遥游》中说“北冥有鱼，其名为鲲。鲲之大，不知其几千里也。化而为鸟，其名为鹏。鹏之背，不知其几千里也。怒而飞，其翼若垂天之云。”“水击三千里，抟扶摇而上者九万里。”“绝云气，负青天，然后图南。”祝我们的海事青年鹏程万里，祝愿海事青年工作通过深圳会议，象本届大运会的主题一样“从这里出发，不一样的精彩”。为了这“不一样的精彩”，我希冀并要求海事系统各级领导谨记：未来在青年手里，我们在青年身边，信任青年就是相信未来，爱护青年就是热爱未来，给青年创造支点，让青年创造未来。为此，我们也需要“从这里出发”！谢谢！

在直属海事系统青年工作会议上的讲话

交通运输部党组成员、副部长
交通运输部海事局局长　徐祖远
2011年6月30日　（书面印发稿）

同志们：

今天，非常高兴参加直属海事系统青年工作会议。今年是纪念中国共产党建党90周年，也是“十二五”发展开局起步之年。对于海事系统来讲，做好今年的水上安全监管工作、完成改革发展稳定的任务尤其繁重。在这个时期，部海事局决定召开直属海事系统首次青年工作会议，我感到很有必要、意义重大。因为“青年是国家的未来、民族的希望”，“一个有远见的民族，总是把关注的目光投向青年；一个有远见的政党，总是把青年看作推动历史发展和社会前进的重要力量。”党和国家历来都是站在事业后继有人、薪火相传的高度重视青年，加强青年工作。在不同时代、不同国度，青年问题也总是成为最核心的问题之一而受到普遍关注。

今年的直属海事系统工作会议，确定了海事“十二五”发展的方向、目标和任务。其中，队伍建设是推进发展和做好各项工作的基础，而青年队伍建设则是基础中的基础。基于这些考虑，接到部海事局给我的书面请示后，当时我就决定出席这次会议。

会前，我仔细看了部海事局《直属海事系统青年队伍和青年工作的调查与分析》和《“十二五”时期直属海事系统青年工作规划》（征求意见稿），感觉你们的准备工作是充分的，做好工作的决心和力度是很大的。刚才，如清同志对近年来的海事青年工作进行了回顾，全面分析了当前面临的形势，部署了当前和今后一个时期海事青年工作的总体思路和重点任务。明天，爱平同志从海事发展战略和工作全局的角度，还要对青年工作提出有关要求。体现了部局党组、党政主要领导对青年工作的高度重视。今天，我着重从责任的角度，强调两个方面问题。

一、重视青年、做好青年工作，是海事各级领导班子和领导干部的政治责任

青年兴则国家兴，青年强则国家强。对一个行业、一个单位而言也是如此。海事青年工作，说到底是做人的工作，是做海事队伍中青年群体的工作，是使青年素质增强、能力提高、作风过硬、身心健康的工作。其特殊性在于这项工作做的好坏，不仅影响现在，更决定着未来。直属海事系统40岁以下的青年职工已经达到海事职工总数的40%，有的直属局已经超过60%。这么大的一个青年群体，他们的思想素质和能力作风，不但影响着当前海事全面履职各项工作的质量，也直接决定着海事未来发展的品质和成效。贯彻落实科学发展观，在青年工作领域，就是以青年为本，使承载着社会重托和家庭寄托的有志青年，在海事这个大家庭中，通过加强教育引导、培训培养、实践锻炼，顺利健康成长，实现全面发展。

从实践中看，哪个单位的领导切实重视青年、善于培养青年，那里的青年队伍素质能力就比较过硬、那里的青年人才就会源源不断地涌现出来。而领导干部最大的成就感，不仅仅是你在岗位上取得了多么辉煌的工作业绩，更重要的在于培养了合格的接班人和造就了一支优秀的队伍，使他们信心满怀地接过前人的接力棒，薪火相传，把事业不断推上新的高度。

从这个意义上讲，重视青年，做好青年工作，是一个领导班子有远见的表现，是每个领导干部成熟的标志之一，是一种政治责任。

青年是社会中最活跃、最富创新精神的群体，青年工作是最具挑战性、最具创新性的工作。做好青年工作，对各级领导干部而言，关键要“围绕三个方面的目标，突出一个重点，做到三个转变，发挥一个作用”。三个目标就是：为交通海事事业培养接班人，为海事高效履职培养主力军，为千家万户培养顶梁柱（9000多名青年，关系到9000多个家庭的寄托）；一个重点就是：突出加强青年队伍建设，加快青年成长成才；三个转变就是：转变工作理念、工作格局和工作方式；发挥一个作用：就是发挥好各级领导干部的“传帮带”作用。

（一）突出重点，育人培才。青年工作要紧紧围绕水上交通安全监督管理中心工作，着眼于服务改革发展稳定的大局，把推进事业科学发展和促进青年全面发展紧密结合起来，把重点放在培养符合海事履职和事业发展需要的合格的建设者和接班人，使海事青年成为堪当历史重任的新一代、推进海事科学发展的生力军。

围绕这个目标，要坚持厚德育人，突出把提高青年的思想政治素质放在青年工作的核心位置。思想政治素质是青年成长的灵魂和决定因素，决定着青年的感情趋向、价值取向和行为导向。要引导青年坚定理想信念、树立正确的人生观和价值观、增强报效伟大祖国、服务交通海事的使命感和责任感。要坚持实践培才。注重在实践中发现和培养青年人才。特别是要有意识地在重点工作、重大活动、重要任务、突发事件处置中发现和锻炼青年；要切实重视那些长期工作在艰苦地区、基层一线、普通岗位上不事张扬、踏实工作、做出业绩的青年同志（在直属海事局以下层面工作的青年7825名，占青年总数的84%）。要坚持量才施用，注意发挥青年人的长处。注意克服用非所学、用非所长的现象，加强系统化培训，努力做到人岗匹配。让青年人各得其所，人尽其才、才尽其用，高效履职。要注意把握青年人才的最佳成长期和使用期。我们有一句话叫“自古英雄出少年”。统计表明，在自然科学领域，取得发明成果的最佳年龄段是25至45岁，峰值是37岁。这里是讲自然科学，我们海事所需人才可能会有所不同，但也有一个最佳成长和使用期的问题。千万不要等青少年变成中老年时才想起培养，到激情消退时方得到使用。要注意从规律上对这个问题进行研究。领导干部对各种人才、各年龄段的人才都要用当其时，对优秀青年人才，要及时发现、大胆启用。目前直属海事系统40岁以下青年中，处级领导干部仅有209名，只占全系统处级干部总数的11%。在统筹提拔使用各年龄段人才的同时，要从战略高度，切实重视对年轻干部的培养、选拔和使用，形成年龄结构合理的干部队伍梯队。另外，还要在青年中广泛树立“人人皆可成才，适岗即是人才，人人都做贡献”的成才和用才导向。

目前，在近万人的海事青年队伍中，本科以上文化程度的达87%（博士17人，硕士1525人），党团员达77%（党员5466名，团员1658名）。海事有这么大的青年队伍，整体素质又比较高。在青年人才这个问题上，不仅要满足适应海事安全监管履职和推进海事事业发展的需要，还要着眼于国际海事舞台，面向交通运输系统，积极输送人才。

（二）创新工作，提高绩效。当前社会结构、社会组织形式、社会利益格局发生了深刻变化，各种思想观念影响的渠道明显增多，对当代青年的价值取向、价值目标、价值评判、价值实践等带来深远影响。当代青年思想活动的独立性、选择性、多变性、差异性明显增强的时代特征；人在青年时期容易接受新事物新观念，创新意识和民主参与意识强，物质和精神文化需求多、人生发展变化大的阶段性特征，在海事青年身上都有所体现。从青年工作看，经过近年来的探索和努力，海事系统积累了不少成功经验，取得的成绩值得充分肯定。但同时，全面、系统、有针对性地加强青年工作，突出解决海事青年群体面临的困难和问题，满足其日益增长的物质文化需求，对海事而言还是个新课题；部分基层组织不健全、基础弱化，吸引力和凝聚力不强的问题比较突出，老办法不管用、新办法不会用等问题还不同程度的存在。这就要求各级领导班子和领导干部更加深入地研究和把握青年工作的规律和特点，更加科学合理地处理青年工作中遇到的困难和问题，加大创新力度，提高工作绩效。

一是在工作理念上，从“管理青年”向“服务青年”转变。当代青年成长发展的环境发生了深刻变化，青年选择更加多样、青年需求更加广泛。这就要求我们从习惯性的思维方式中解放出来，把满足事业发展需要和青年发展需求作为评价工作的重要标准，尊重青年的主体地位和合理诉求，发挥青年的首创精神和工作热情，竭力为青年健康成长、全面发展创造环境，竭诚为青年施展才华、建功立业搭建平台。另外，要正视青年群体由于工作时间短，生活保障不到位而产生的特殊困难和利益诉求，既要千方百计解决好青年的工作生活条件，也要做好引导（问卷调查中，青年对做好青年工作的首要任务的选择中，排名第一的为：关心青年职工生活，增强青年归属感和凝聚力）。二是在工作格局上，从团组织“独奏曲”向各部门、各方面“共奏交响乐”转变。青年工作作为党的群众工作的重要组成部分，是一项长期的基础工作，也是一项复杂的系统工程，需要党政齐抓共管，形成有利于工作开展、便于取得成效的大格局。其中，共青团组织作为党的助手和后备军，在加强青年工作方面有自己的职能优势和独特优势，在组织青年、引导青年、服务青年、维护青年权益方面应该有更大的作为、突出的作用，但全面做好青年工作，仅仅依靠团组织的力量是不够的。根据调查，目前海事青年职工对青年工作的需求主要体现在：提供事业发展的机遇、营造单位氛围、多岗位锻炼机会，工资等福利待遇提高，系统化、有针对性的学习培训等等。这些问题的解决，需要把各方面的积极性和作用都调动和发挥起来，责任落实到位。三是在工作方式上，要转变单纯依靠灌输说教、行政命令的工作手段，要多采取广大青年乐于接受、有关各方广泛认可的方式方法。比如做青年人的思想政治工作，首先要把握青年心理和实际需求，了解青年的思维模式和思想观念，多用疏导、引导的方式，做到潜移默化，春风化雨，润物无声。再比如和青年的沟通交流，要以平等、开放的心态，自由、互动的方式，以自己的真诚、坦诚，鼓励引导青年说真话、说实话、说心里话，使青年放下思想包袱和消除心理障碍，增强沟通效果。在你们的调查中，对于沟通渠道和方式的选择，领导干部的首选是“个别谈话”(37.50%)；青年职工的首选是“内网论坛”(38.51%)。这种差异就值得我们领导干部去思考。

同时，落实加强青年工作的各项措施，还要取得上级有关部门的理解和重视。特别是在队伍建设、人才培养、国际交流、典型培树等方面，要注意争取部有关司局的大力支持。

（三）言传身教，率先垂范。“抓青年工作，必须审视和加强自身作风建设，以德服人，风正一帆顺。” 这是你们问卷调查中，一位领导干部反馈的书面意见。提得很好，很有境界。青年人踏入社会不久，可塑性很强，接触什么人很重要，所谓“近朱者赤，近墨者黑”。各级领导干部的一言一行都对青年有很大的影响。在工作学习生活等各个方面，各级领导干部、特别是直接接触青年的领导干部，要切实以身作则，言传身教，用高尚人格感染青年，以过硬的作风影响青年，把技能本领传授青年。这是对他们最重要的关怀。各级领导干部，都是从青年时代走过来的。能够成长起来，在这样的平台为事业做工作，离不开青年时期的老领导、老同事的精心培养和爱护帮助。人生会经历很多事、很多人，但记忆最深的是那些在你事业起步阶段，对你思想方法、工作能力、品格作风有深刻影响的人。相信大家在这方面也都有切身的体会。特别是对刚进入海事的青年同志，他们社会阅历、海事工作经验不够丰富，对海事工作的认识和理解还有待进一步加深，有些青年同志思维方式和思想方法还不够成熟，意志品质还有待进一步锤炼，这是青年阶段的客观现实，更需要领导同志们从细微处抓起，帮助他们尽快成熟起来。这对他们一生都是受益的。

重视青年，就是重视发展；赢得青年，就是赢得未来。做好青年工作，就是对事业发展进步负责，为青年发展成长负责。希望海事系统各级领导干部、特别是各单位党政主要领导，切实负起责任，按照部海事局的总体部署，把推进海事科学发展和促进青年成长成才紧密结合起来，切实把青年工作抓实、抓好、抓出成效。

二、不辱使命、勇挑发展重担，是海事广大青年同志的历史责任

事业必须传承，一代人有一代人的责任。在海事发展的各个时期，一代又一代的海事青年勇于担当、甘于奉献，为海事事业做出了突出贡献。水监体制改革以来，海事青年更是英才辈出。近年来，广大海事青年立足岗位，勤奋学习、积极实践、勇于创造、自觉奉献，在全面履职、依法行政、海事改革发展稳定大局中发挥了重要作用，涌现出了“全国先进工作者”、“全国五一奖章”获得者和一大批覆盖海事各领域各层面的青年先进典型。在北京奥运会、上海世博会、广州亚运会水上安保、“7.16”大连海上清污等重大工作和突发事件处置中，广大海事青年表现突出，充分发挥了生力军和突击队的作用；在国际履约、国际海事会议、哥本哈根气候大会等世界舞台上，都活跃着当代海事青年的身影。涌现出了许多感人事迹，展现了当代海事青年蓬勃向上的精神风貌。实践充分证明，广大海事青年是值得信赖、堪当重任的一代!

海事“十二五”攻坚、转型、发展、提升，需要包括广大青年在内的全体海事人共同努力，2020年全面实现“三个海事”发展战略目标、开创海事更加美好的未来需要青年人奋勇承担。当代海事青年肩负着重要的使命和责任，承载着全体海事人的希望。

承担这样的历史责任，青年人必须努力成长成才。这既是事业的需要，也是青年人的愿望。在你们的调查中，青年职工对有关事项关心和关注程度最高的是“单位事业发展”；认为体现自己人生价值的最佳方式是“在本职岗位上发挥才能，为单位和社会做出贡献”；超过95%的青年同志对自身成才有明确的需求和方向（53.57%的青年职工期望成为通才，41.6%的期望成为专才，4.82%的“目前还没有明确具体方向”）。这充分反映出广大海事青年主流价值的正确取向和成长成才的良好愿望。

成长成才，担起责任，不辱使命，必须付出艰辛的努力。这里，我想给广大海事青年提四点要求和希望。

第一，要树立理想。人的一生总是要有所追求的。拥有远大理想，是有为青年的宝贵品格，是青年成长成才的重要条件。我们从事着神圣而光荣的事业。安全是人类社会永恒的主题，主权是国家的核心利益，环保是人类社会可持续发展的必然要求。海事人头顶国徽，代表国家执法，为构建现代交通运输业保驾护航。每一项工作都是在为保障水上交通安全、保护水上环境清洁、保护船员整体权益、维护国家海上主权。这个事业值得人一生为之奋斗。

海事事业的快速发展给海事人提供了建功立业的舞台，施展才华的空间，青年人大有可为。实践充分证明，只有成就事业、才能成就个人。要把自己对全面发展和个性发展的追求，与海事价值理念和发展共同愿景统一起来，树立远大理想，立志为推进海事科学发展而努力奋斗，以实际行动，共同把海事事业推向新的辉煌。

第二，要刻苦学习。知识引导人生，学习成就未来。青年时期是人一生中创新思维最活跃、精力最旺盛的时期，是学习成长的黄金时期。当前科技进步日新月异、知识更迭和信息流动呈加快态势，不进则退、慢进也是退，学习的任务更加繁重、更加紧迫。青年同志们要在学习上下更大的力气，以只争朝夕的精神，勤奋刻苦学习。

要把广泛学习海事业务知识和深入学习岗位工作知识结合起来，把个人的兴趣爱好和履行工作职责需要紧密结合起来，把“读万卷书”和“行万里路”结合起来，坚持“在学中干”、“在干中学”，自觉向书本学习、向实践学习、向身边的同事和服务对象学习，要充分利用现代化手段，广泛

学习各种新知识新技能和先进文化，使自己的知识结构适应时代和事业发展的要求，不断提高综合素质、增强做好工作的本领，努力成为学识广博、能干实事的交通海事建设者。

第三，要加强实践锻炼。“纸上得来终觉浅，绝知此事要躬行。”实践出真知，实践出人才。这是人才成长最根本、最管用的规律。无论是通才、还是专才，无论是在业务岗位、还是在行政党务岗位，这都是普遍适用的。青年同志们要勇挑重担、攻坚克难，把青年的生力军和突击队的作用充分发挥出来。要继承发扬青年“开风气之先”的光荣传统，大胆探索、锐意进取，自觉站在创新的前列，为交通海事事业贡献聪明才智，在实践中增长才干，在实践中建功立业、实现人生价值。

实践中总会遇到困难、难免经受挫折。现在很多青年同志反映事情多、工作压力大。这虽然可能会有其他原因，但归根结底是我们的事业在发展、工作在进步。从青年成才的角度来说，事情多、有困难也是个好事，可以磨炼意志，增长才干。困难还预示着成绩，困难愈大，战胜之后所取得的成绩也就愈大。在实践中，要注意总结经验，这是提高认识、增长才干、做好工作的关键环节。如果说成才有捷径，总结经验就是一条。我们绝大多数青年同志在基层工作。相对来讲，基层的条件艰苦一些，特别是偏远地区，同时我们也应该看到在基层可以更直接联系群众、了解实情、汲取力量，对青年成长特别是刚从学校门出来的青年，十分重要。海事现在的很多领导干部和专业人才也都是从基层成长起来的。青年同志一定要珍视基层经历，通过自己的勤奋实践，使这种经历成为人生的宝贵财富。

第四，要锤炼作风。思想作风，反映的是精神境界，决定着为人做事的根本态度。不养德修身，锤炼思想作风，难以成为有用人才。要成为真正的有用之才，只有付出超乎寻常的艰苦努力。大家可能都知道《性格决定命运》和《细节决定成败》这两本书。这两本书的名字，也从一个侧面说明了思想作风的重要性。青年人一定要养成扎实、务实、求实的工作作风。青年人要立足本职、扎实苦干，努力在平凡的岗位上追求卓越、创造一流，要从现在做起，从点滴做起、不断积淀，厚积薄发、不断超越。不能只想做挑战性强的“大事”、“技术含量高”的事，还要注意做好看似不起眼的“小事”，打基础的“实事”，做好“小事”方能做“大事”，做成“实事”锻炼真本事。无论做什么事，青年人都要脚踏实地、实事求是，切忌心浮气躁、急功近利。青年同志们要把创新思维和工作实践紧密结合起来，既要积极探索、大胆创新，又要注意避免主观性和片面性。人的一生不可能一帆风顺，总会遇到困难和挫折。青年同志们要学会自我调适，理智看待自己的长处和短处、客观评价自己的成败与得失，不能因为受到一点挫折而一蹶不振。成长要自强而不自弃。在廉洁方面，青年人要更加严格要求自己，始终恪守职业操守。

唐代诗人李商隐在诗中写到：“桐花万里丹山路，雏凤清于老凤声。”说的是桐花盛开的时候，小凤凰唱出了比老凤凰更为清亮的歌声。现在海事发展为青年同志们提供了施展才华、建功立业广阔舞台。在各级领导的关爱重视下、在系统上下爱护青年、关心青年、鼓励青年成才、支持青年干事业的良好氛围里，通过你们的自身努力和奋发进取，希望也相信青年同志们一定能够不辱使命、挑起未来发展的重担，一定能够在海事辉煌发展的壮丽篇章中，谱写亮丽的人生乐章！

同志们，做好新时期的青年工作，意义深远、责任重大。让我们切实负起责任，进一步解放思想、开拓创新，扎扎实实做好青年工作，共同为实现交通海事事业新发展、开创工作新局面而努力！

谢谢大家。

在直属海事系统青年工作会议上的讲话

共青团中央城市青年工作部机关事业处处长　陈必昌

2011年6月30日

尊敬的徐祖远副部长，各位领导，同志们：

今天，直属海事系统青年工作会议在这里隆重召开，我受团中央城市青年工作部部长徐晓同志委托，谨代表团中央城市青年工作部对会议的召开表示热烈的祝贺！

中国海事肩负着“保障水上交通安全，保护水域环境，保护船员利益，维护国家主权”的重任，海事青年是我国海事事业发展的生力军和突击队，做好海事青年工作，造就一支高素质的青年队伍，对我国海事事业的当前和长远发展都具有重要意义。

长期以来，交通运输部党组和交通运输部海事局党组对青年工作高度重视，海事系统团组织在各级党组织、党政领导的高度重视和亲切关怀下，主动适应海事事业发展的新形势，围绕中心工作，在组织、引导、服务青年等方面做了大量工作。比如通过探索建立青年工作委员会、网络团建、联合建团等模式，不断加强自身建设；通过开展系统性青年工作和青年思想状况调研、引导青年为单位建言献策等方式，协助党政加强对青年的思想引导；通过深化“青年文明号”等青年工作品牌，组织青年突击队、志愿服务队，为北京奥运会、上海世博会、广州亚运会等重大活动奉献青春与汗水；通过加强青年组织人才培养，解决青年实际困难等方式，切实服务青年成长发展等等。海事系统共青团和青年工作走在了交通运输系统乃至中央国家机关共青团工作的前列。在此，我谨代表团中央城市青年工作部向长期以来关心、重视、支持共青团和青年工作的交通运输部和直属海事系统各级党组织和党政领导表示衷心的感谢！向直属海事系统广大团干部和广大团员青年致以诚挚的问候！

“十二五”时期是我国全面建设小康社会的关键时期，是深化改革开放、加快转变经济发展方式的攻坚期，直属海事系统作为我国国家水上安全监管的执法队伍和服务水上交通安全发展的主力军，全力完成“十二五”时期海事系统确定的各项工作任务，对实现保持水上安全形势持续稳定和向世界发达国家海事管理水平迈进的目标，为发展现代交通运输业提供坚强保障，对于维护我国“十二五”时期目标任务的实现都具有非常重要的意义。海事系统各级团组织应该紧紧围绕海事中心工作，增强主动服务、主动作为的意识，积极融入，积极作为，团结带领广大青年走在海事事业发展的前列。受团中央城市青年工作部领导委托，借此机会谈几点建议，与海事系统的团干部共勉。

一是要深入密切地联系青年。群众工作是我们党的优良传统和政治优势。当前，党和政府高度重视群众工作，把做好群众工作摆在非常突出的位置。作为党的青年群众组织，我们应当切实增强责任意识和大局意识，切实为党做好青年群众工作。而深入青年、密切联系青年是做好青年群众工作的前提和基础。各级团组织、团干部应该牢固树立群众观念，站稳群众立场，自觉坚持党的群众路线，始终把关注的目光投向普通青年。特别是要通过多种形式和途径联系青年，真正融入到青年当中，密切同普通青年的联系，避免工作出现“高端化”和“高龄化”的倾向。要深入开展调查研究，经常性、高密度地走进基层，走进青年，倾听青年的呼声，了解青年的愿望，体察青年的疾苦，解决青年的诉求。要学会利用互联网、手机等新媒体手段，依托博客、微博、QQ、飞信等新媒体应用方式，加强与青年人的联系和沟通，要根据青年人喜欢的沟通、交流、聚集和联络的方式，以最大的决心，下最大的力气，全力加强团的基层组织建设，建立覆盖广泛、充满活力的基层组织，打牢联系广大普通青年的组织基础和工作基础。

二是要加强思想引导。教育青年、引导青年，使青年了解党的政治主张和理论路线方针政策，把青年紧密团结在党周围，是青年群众工作的重要任务和目标。要注意分类引导，针对机关青年、一线的执法青年等不同青年群体思想差异，按照思想形成的特定逻辑，运用不同的青年群体的话语积极进行引导，增强我们引导工作的针对性、适用性和普遍性，要善于抓住重大契机，特别是抓住当前纪念建党90周年、辛亥革命100周年等重大时间节点，广泛开展全团正在深入开展的“学党史知党情跟党走”主题教育活动、“我与祖国共奋进”形势教育活动等，加强正面教育引导，引导广大青年坚定跟党走中国特色社会主义道路的理想信念。要讲究方式方法，采取青年人喜闻乐见的方式，善于把党政中心工作和政策主张等大道理转化为青年易于接受的小道理，把引导工作做到青年的心坎上。

三是要做实做深做细服务青年的工作。抓好服务青年工作，满足青年合理诉求。要根据青年人在学习成才、事业发展、情感婚恋、身心健康、社会融入等方面的普遍要求，切实做好思想性、技能性、娱乐性等方面工作，帮助青年职工塑造健全人格，养成坚定信念，提高能力水平，服务海事事业发展。要关注、重视青年群体，特别是工作生活有困难的青年群体，切实根据他们的实际需求，做好服务工作，努力帮助他们解决工作、生活中的困难。不要怕事小，关键是做实、做细、做深，长期坚持，我们就一定能够赢得青年人的信赖和拥护。

四是要切实提高做好服务青年工作的能力和水平。面对青年群众工作面临的新形势、新任务、新课题、新挑战，要积极探索青年工作的新方式、新办法、新机制，要善于借助党的群众工作的网络、资源、模式来推动青年群众工作，要善于运用青年喜欢新的沟通、交流、联络、聚集的方式作为新的工作载体，比如互联网、手机、动漫、短视频、移动媒体等手段，善于运用青年人的情感、艺术、时尚的元素来开展好青年群众工作。要按照“党建带团建”的工作要求，健全和完善青年群众工作考核评价机制，增加青年评价权重，引导各级团组织、团干部真正把党的优良作风和传统转化为内心自觉、能力素质和实际行动。

今年是“十二五”的开局之年，也是直属海事系统改革发展的关键之年。不论国际国内环境，不论是党和国家的方针、政策还是海事事业发展的需要，都对做好青年工作提出了更高的要求和更多的挑战。在交通运输部和部海事局党组的坚强正确领导下，在各级党政领导的高度重视下，在各级团组织和广大团员青年的共同努力下，直属海事系统青年工作一定能够乘风破浪，在开创中国海事事业辉煌的征程中做出新的更大贡献！谢谢大家。

服务海事科学发展　促进青年成长成才
努力开创青年工作新局面
——在直属海事系统青年工作会议上的讲话

交通运输部海事局党组书记、副局长　许如清

2011年6月30日

同志们：

这次会议是水监体制改革以来首次召开的直属海事系统青年工作会议。主要任务是：贯彻党的十七届五中全会、2011年全国交通运输工作会议和直属海事系统工作会议精神，深入分析直属海事系统青年工作面临的形势，就做好当前和今后一个时期直属海事系统青年工作作出部署。

下面，我主要讲三个方面的意见。

一、近年来直属海事系统青年工作的回顾

青年工作是党的群众工作的重要方面。部海事局党组一直高度重视青年工作。特别是近年来，随着青年职工数量的快速增长，为不断加大青年工作的力度，制定出台了《关于加强和改进青年工作的意见》，成立了由党政主要领导牵头的部海事局青年工作委员会，积极探索完善工作格局。在青年干部和拔尖人才培训培养、先进典型培树、搭建青年展示才华的平台等方面采取了一系列有力的措施。

各单位根据部海事局的总体部署，结合自身实际，不断探索研究建立健全有利于改进和加强青年

工作的领导体制、工作机制和组织体系，大多数单位已把青年工作纳入整体工作布局来思考。在14个直属局中，7个单位开展了系统的青年工作调研，为加强和改进青年工作奠定了基础；4个单位召开了青年工作专题会议，对本单位青年工作作了全面部署；5个单位出台了加强和改进青年工作的意见；3个单位已成立了青年工作委员会，有的单位还专门制定出台了具体的工作章程，有力加强了对青年工作的组织领导。围绕事业发展和青年成长成才，采取了各具特色的措施和做法，直属海事系统青年工作逐步加强，取得了重要的进展和显著的成效。

（一）多种方式教育引导，青年思想素质不断提升

一是理论教育方式多样。各单位注意创新学习方式，丰富学习内容，通过召开青年座谈会、开辟网络论坛、邀请领导干部给青年上团课，以及组织青年参观红色教育基地等多种方式，调动青年学习中国特色社会主义理论体系的积极性和主动性，引导他们用先进的科学理论武装头脑、指导实践、坚定信念。二是志愿精神深入人心。不少单位组建了海事特色鲜明的青年志愿团体，通过开展“保护母亲河”、“世界环境保护日”等各类青年志愿服务活动，在树立良好海事形象的同时，促进了青年职工对国情、社情的了解，有力地提升了他们关爱社会、服务社会的自觉意识，增强了其社会责任感。三是职业引导催人奋进。一些单位通过制定“人才发展规划”，推行“青年引航工程”等多种形式，引导青年树立奋斗目标，形成健康向上的职业发展理念。特别是各单位优秀青年典型的培树，在广大青年中更是发挥了良好的示范引领作用。

（二）不断加大培训力度，青年实践能力得到提高

围绕青年成才和实际工作需要，各单位根据部海事局《加强新进人员培训的指导意见》，不断加大培训力度，完善培训体系，帮助青年不断更新知识、提高实际工作能力。比如，在对新进人员开展岗前培训工作中，有的单位注意借助社会资源，积极尝试与当地高校合作，建立新进人员的培训基地，确保了新进人员教育培训的高质量；在开展岗位知识更新培训工作中，各单位积极倡导“学习工作化，工作学习化”的理念，确保广大青年职工每年参加教育培训不少于80学时。有的单位还积极选派优秀青年到有关大专院校参加进修培训以及出国考察培训，努力搭建青年学习交流的平台；在开展岗位实践技能培训工作中，有的单位与航运企业合作，安排新进人员上船实习。有的在船舶进出量较大、海事业务相对集中的海事处建立青年实操培训基地。有的在当地大型修造船厂设立了船舶安检培训基地。这些形式新颖的教育培训，有效地促进了青年实践能力的提高。

（三）拓宽培养锻炼渠道，着力促进青年成长成才

各单位自觉把促进青年成长成才作为青年工作的出发点和落脚点，努力培养人才、凝聚人才、服务人才。注重利用重要工作、重大活动、突发事件处理等机会为青年提供增长才干的平台。比如，有的单位在课题研究、重大项目实施中，优先推荐和安排一线青年职工，为青年人才提供主持或承担课题和项目的机会，以此鼓励和引导青年成长为业务骨干；有的单位通过实施干部竞争上岗制度、设立助理岗位等措施，选拔了一批优秀青年领导干部和青年后备干部。为了促进青年丰富经历、开拓视野，一些单位除实施定期轮岗制度外，还积极开展海事青年跨单位、跨层次的工作交流，更加注重多岗位培养青年人才，注重在基层单位和艰苦岗位上锻炼青年干部。

（四）丰富青年文化生活，关心解决青年实际困难

不少单位通过青年座谈、书面问卷、个别谈心等多种途径，深入了解青年所思所想，切实提高服务青年的针对性。围绕青年群体的物质文化需要，一些单位积极组建各类文体兴趣小组，通过定期开展文体活动，组织实施庆中秋、迎新年等青年联谊活动，以及配合党政中心任务，举办青年读书活动、演讲赛、辩论赛等，丰富了青年群体的物质文化生活，既锻炼了青年，也凝聚了队伍。

各单位主动采取具体举措，着力解决青年职工的实际困难和合理诉求，青年的归属感逐步增强。比如，有的单位针对青年职工社交范围窄、婚恋有困难的情况，积极组织与其他单位的联谊共建活动；有的单位针对外地青年面临婚嫁经济压力较大的难题，精心为他们筹办集体婚礼；有的单位针对新进职工购房条件不具备、租房成本难承受的现实，积极创造条件帮助他们解决集体宿舍等。这些都

对稳定队伍、凝聚人心发挥了积极的作用。

（五）坚持“党建带团建”，共青团建设得到加强

各单位坚持“党建带团建”，加强团组织和团干部队伍建设，充分发挥了各级团组织作为党政联系青年的桥梁纽带作用，以及组织、引导、服务青年，维护青年权益的职能作用。有的单位积极推进基层团组织工作创新，开展了“一局一品牌、一处一特色”的团建活动；有的单位设立了专职团干部岗位，公推直选产生团组织负责人；有的单位固化了在每季度党务例会上对团的工作进行点评的工作机制；多数单位落实了团的年度工作例会制度，有的单位还探索实施了青年工作网络会议的新路子。

通过上述工作，青年职工的综合素质、能力水平不断提升，在重要工作、重大活动、突发事件等工作中发挥了生力军、突击队的作用；在文明创建、志愿服务等工作中展现了广大海事青年爱岗敬业、素质过硬的良好形象。一批优秀青年迅速成长，有的成为各领域的技术骨干，有的已走上领导岗位，成为海事事业发展的中坚力量。2008年以来，全系统青年个人和集体共获得各类省部级以上荣誉132项，其中国家级荣誉16项。

同志们，海事青年工作这些成绩的取得，离不开交通运输部及部有关司局领导的高度重视和正确领导，离不开各地方政府及相关部门的全力帮助，离不开上级团组织对海事青年工作的关心和支持，离不开各单位对青年工作的高度重视和主动加强，离不开广大青年工作者的积极探索和不懈努力。在此，我谨代表交通运输部海事局党组和部海事局青年工作委员会，向长期以来关心、支持海事青年工作的各级领导和广大青年工作者表示崇高的敬意和衷心的感谢！

在充分肯定成绩的同时，应看到直属海事系统青年工作存在发展不平衡的问题，工作的系统性、针对性、有效性尚需进一步增强，整体水平仍需提升。具体表现在：一是对青年工作在海事发展中的定位和青年工作内涵的认识还不够全面、深刻和到位；二是青年工作的体制机制有待进一步健全，工作体系有待进一步完善；三是按照事业发展和青年全面发展的需要，当前青年自身存在的不足，以及青年普遍反映的一些突出问题的解决力度还需进一步加大；四是工作的方式方法有待进一步创新。

二、认清形势，进一步提高新形势下做好青年工作的认识

青年是海事的希望和未来。“十二五”期间，随着国家海洋经济战略的深入实施，海事系统维护国家主权和海洋权益的任务更加突出；水上安全管理、海上人命救助、海洋环境污染防治、船员权益保护的任务日益繁重；随着水监体制改革的进一步深化，一些难点、焦点问题都需要在“十二五”期内予以解决。这些工作和问题也必然会使新形势下海事青年工作面临的形势更加复杂、任务更加艰巨，加强和做好青年工作具有十分重要的现实意义和长远的战略意义。

（一）做好青年工作，是贯彻中央和部党组要求的重要举措

党和国家历来高度重视青年和青年工作。胡锦涛总书记关于“四个新一代”和“两个全体青年”的指示，为做好青年工作指明了方向。去年，交通运输部李盛霖部长在致部直属机关第一次团代会暨青联成立大会的贺信中强调：各级党组织一定要从事业发展全局的高度重视青年工作，采取更加有力措施，为广大青年健康成长、干事创业提供有利条件，更好地发挥他们在交通运输科学发展中的重要作用，不断创造新的青春业绩，为加快转变发展方式、推进现代交通运输业发展而奋发努力。这些既为做好海事青年工作指明了方向，又对海事青年工作提出了更高的要求。目前，直属海事系统在编在岗的青年职工达9000多人，占职工总数比例的40%。面对庞大的青年群体，各单位一定要从保证党的事业薪火相传、后继有人的战略高度深刻认识抓好青年工作的重大意义，促进青年工作水平的进一步提升。

（二）做好青年工作，是推进海事科学发展的必然要求

“十二五”时期，海事处于攻坚、转型、发展、提升的关键期和重要的战略机遇期。在今年的系统工作会上，部海事局确定的“十二五”期间的总体目标是：到2015年，基本建成全方位覆盖、全天候监控、快速反应的现代化水上交通安全监管系统，为建设综合交通运输体系提供有力支撑，稳步迈

向发达国家海事管理水平。要实现这一目标，还需要包括青年在内的全体海事人的共同努力。

立足当前，海事部门高效履职，需要精良的装备、精湛的技术，更需要精干的人才队伍；推进创新，提升海事的工作水平，尤其需要借助青年人思维活跃的优势，为海事“十二五”科学发展注入新动力、开创新局面；着眼未来，实现海事的发展目标，需要海事青年人的智慧和力量，当前的青年群体，经过3-5年的历练成长，注定会被历史的潮流推上更重要的舞台，承担更重要的角色。在更长远的未来，海事队伍将处于什么样的发展高度、能否抢占率先发展的先机，很大程度上取决于当前这支青年队伍的综合能力和水平。我们要通过扎实有效的青年工作，不断引导青年、优化队伍、凝聚力量，为海事科学发展各阶段工作目标的实现，发挥青年的生力军、突击队作用。

（三）做好青年工作，是服务青年全面发展的客观需要

当前，海事事业发展面临着难得机遇，为青年建功立业提供了十分广阔的舞台。海事青年整体学历层次较高，富有活力和朝气，敢于探索，勇于创新，青年人希望尽快成长成才、实现自身价值的愿望比较迫切。但当前海事青年群体存在的不足，还需要我们予以关心和重视。一是由于社会阅历浅，海事青年对社会焦点、热点问题的认知和对复杂问题的处理尚需正确引导；二是海事青年受心态浮躁、急功近利等社会现象的影响不容忽视；三是海事青年处于人生成长期和职业的发展期，当面临困难多、压力大的现状，更容易产生情绪波动，甚至意志消沉；四是海事青年参加工作时间短，经验、技能尚不够丰富和全面，一时还难以完全适应高效履职的需要，等等。青年群体集中存在的这些缺点、不足，可能会成为影响其职业发展的不利因素，需要通过加强和改进青年工作加以引导、消除障碍，帮助青年抓住机遇，在事业发展过程中实现人生价值，这也是广大海事青年最迫切的愿望。

三、切实抓好青年工作，为推进海事科学发展提供坚强支撑和保障

当前和今后一个时期，直属海事系统青年工作的重点是：围绕“一条主线”，把握“四个要求”，做好“六个方面工作”。

“一条主线”：即服务海事科学发展、促进青年成长成才。“服务海事科学发展”就是要通过做好青年工作，为提升海事发展品质、提高海事综合实力、巩固发展优势提供有力支撑，为海事“十二五”时期攻坚、转型、发展、提升激发内在活力，为全面实现“四型海事”的发展目标奠定坚实基础。“促进青年成长成才”就是要通过加强青年工作，进一步提升青年思想政治素质、进一步提高青年岗位履职能力、进一步改善青年作风、进一步发挥青年作用、进一步增强青年对海事的认同感和归属感。

把握“四个要求”：一是要坚持围绕中心、服务大局。要站在战略和全局的高度、从服务海事改革发展稳定大局的角度，认识和推进青年工作。紧紧围绕水上交通安全监督管理中心工作，把推进事业发展和促进青年发展紧密结合起来。二是要坚持覆盖全体、强化基层。要做到青年工作覆盖全体青年，把青年广泛参与、广泛受益作为青年工作的重要取向。要充分认识基层的重要地位和作用，把加强基层青年工作作为重要着力点，促进基层单位建设。三是要坚持协调联动、合力推进。要完善工作格局，健全工作机制，充分发挥各层级、各方面的职能作用，整合内部资源、争取外部资源，调动一切积极因素，统筹各项举措，进一步提高青年工作的系统性、针对性和协调性。四是要坚持把握规律、持续创新。要遵循青年工作规律，尊重基层首创精神，主动适应形势发展变化，把握青年的思想和行为特点，关注青年个性发展和差异化需求，不断创新工作思路和方式方法，丰富青年工作内涵，推动青年工作持续稳步发展。

当前和今后一个时期要重点做好以下“六个方面工作”。

（一）加强引导、强化培训，全面提高青年综合素质

着力加强对青年思想政治教育，引导青年树立正确的价值取向。要持续抓好思想政治工作，引导青年把握正确人生方向。要以中国特色社会主义的共同理想信念引导青年，坚持用马克思主义中国化最新成果武装青年，帮助青年树立正确的世界观、人生观、价值观和权力观，夯实坚定理想信念的思

想基础，引导青年自觉用科学发展观武装头脑、指导实践、推动工作；要坚持贴近青年、贴近实际，坚持不懈地在青年中广泛开展社会主义核心价值体系教育，以重大活动、重大事件和重大节日为契机，通过各种形式的理论教育和实践活动，增进青年对世情、国情、党情的了解，大力弘扬以爱国主义为核心的民族精神和以改革创新为核心的时代精神，帮助青年牢固树立社会主义荣辱观。引导青年增强公民意识，自觉遵守社会公德和公共秩序，依法保护自身公民权利、表达自身诉求、处理涉及自身利益的问题。

要着力加强系统化培训和全方位培养，提高青年履职能力。要进一步拓宽培训渠道，丰富培训方式，逐步形成针对性、系统性相统一的培训机制和培训体系。按照“干什么、学什么”和“缺什么、补什么”的原则，注意加强对各层级、各岗位青年的培训，帮助青年不断更新知识、提高能力。要为青年丰富经历、开拓视野提供条件，积极开展跨单位、跨层次的工作交流。更加注重多岗位培养青年职工，注重在基层单位和艰苦岗位锻炼青年干部。要注重吸收青年参加科研项目、课题研究和重点工作，充分发挥国际海事研究会和海事各类研究机构的作用，吸引和带动青年对海事工作开展研究。要倡导终生学习的理念和勤奋好学、学以致用的学风，支持鼓励青年自主学习和在职接受学历教育，鼓励青年紧扣海事事业发展和本职工作的需要开展学习，通过岗位实践、刻苦钻研，不断总结，逐步积累经验，提高自己的能力和水平。

（二）着眼长远、优化机制，切实加强青年人才队伍建设

各项事业发展所需的科技、资源、信息、环境、政策等要素和条件，只有为人所掌握、所运用，才能充分发挥作用。我们要用战略的眼光看待人才队伍建设，加大人力资源开发力度，深化干部人事制度改革，建立健全青年人才的培养开发机制、评价发现机制、选拔使用机制、激励保障机制，做到：及时发现人才、加快培养人才、合理使用人才，努力形成育才、引才、用才的良好环境。对特别突出的青年人才，要着眼于海事发展和全面履职的需要，着力实施青年英才工程。定期选派复合型杰出青年人才出国学习培训。积极选派各业务领域青年人才参加国际会议，以及以适当方式到与海事相关的国际组织或区域性组织去工作学习。注重在基层一线培养选拔各类青年人才。探索建立海事各工作领域青年优秀人才库制度，并对入选青年加强培训培养。设立海事青年创新奖，举办海事青年创新论坛，借助评选海事青年优秀论文等方式，激励青年围绕事业发展需要，大胆创新。推荐优秀青年加入地方青联组织。

各直属海事局要根据本单位的实际情况，研究确定各类人才队伍年龄结构目标并努力实现。其中：处级领导干部中40岁以下的应不低于10%，要有一定数量的35岁左右的正处级领导干部和30岁左右的副处级干部；要有一定数量能够承担海事系统重点课题研究和在国际海事界有一定影响力的40岁以下青年人才。通过实施青年英才工程，使青年人才能够满足海事人才队伍年龄结构的需要，争取为交通运输系统输送更多的优秀人才。力争到2015年，在国家层次“百千万”人才、交通运输部层次“十百千”人才和交通科技英才的队伍中，海事系统40岁以下青年人才能够占有一席之地。

（三）加强青年习惯养成和纪律约束，培育青年良好作风

海事系统作为在交通运输部领导下负责全国水上安全监督管理的行政执法机构，其工作特性决定了职工行为作风的好坏不仅关系到海事自身的社会形象，也直接关乎交通运输部，乃至国家和政府的形象。为此，需要各单位高度重视本单位氛围和环境对青年的影响，要坚持正面教育为主，注重加强监督管理，教育并引导青年注意养成良好的工作习惯和生活习惯。要持续推进半军事化管理，切实加强海事政风建设，引导并调动青年积极参与海事文化建设和精神文明建设，积极开展青年体验活动，适当组织青年到艰苦地区、基层一线参与社会实践、开展志愿服务，引导青年深刻认识自身在事业发展中承担的历史责任和在履职中承担的岗位责任，不断增强责任意识、团队意识和合作精神，培养和锤炼青年的意志品质，帮助青年克服浮躁心态，养成务实作风。警惕社会上腐败年轻化倾向的影响，要严明纪律、严格要求，着力增强青年廉洁自律意识，提高抵御诱惑的能力。

各单位要加大青年先进典型的培树力度，充分发挥先进典型的引领带动作用。要健全对青年典型

的发现、培养、宣传、激励机制，努力把在全系统有重大影响的先进典型推向交通行业，乃至走向全国。要重点培养和宣传包括“青年文明号”在内的，体现海事核心价值体系、创造一流工作成绩，管理规范、开拓创新、文明高效的青年集体典型。重点培养和宣传包括“青年岗位能手”、“庆文式标兵”在内的，实践成才的青年典型、学习创新的青年典型、敬业爱岗的青年典型、奉献基层的青年典型和团结协作的青年典型等。

（四）搭建平台、注重实践，充分发挥青年作用

实践是广大青年成长成才的丰厚沃土和宽广课堂。各单位要大胆向青年交任务、压担子，充分发挥青年在海事各项工作中的生力军作用和在重点工作、重大活动、重要任务、突发事件中的突击队作用。要积极探索创新符合青年需求、适应青年特点、广受青年欢迎的活动载体，积极搭建青年展示风采、发挥才能的舞台。要调动青年的参与热情，拓宽青年的参与渠道，鼓励广大青年为海事的科学发展献言献策。要引导青年广泛参与到推动海事发展的实践中去，努力营造全体海事青年乐于创新、善于创新的环境氛围。要注重发挥青年群体的特色和优势，积极拓宽对外交流渠道、丰富对外交流形式，逐步提高对外交流层次，服务海事对外交流合作，包括积极开展海事部门与其他单位的青年交流，探索建立与国外及港澳台海事部门青年工作交流机制等。

（五）以人为本、凝心聚力，增强青年对海事的认同感和归属感

各单位要定期了解青年在思想、学习、工作、生活方面的状况，掌握青年存在的突出问题和实际困难，并着力研究解决，多为青年办实事办好事。要充分利用现有硬件设施和职工活动场所等，针对青年群体的具体需求，开发服务青年的功能和活动项目。偏远地区、青年生活居住比较集中的单位，要积极改善青年工作和生活条件，加强文化设施建设，丰富青年文化生活。对生活上有特殊困难的青年群体，要有针对性的采取措施帮助解决。

要加强文化凝聚。每年要组织青年、特别是新进人员学习了解海事核心价值理念、行为规范、海事史、海事发展成就和工作业绩、先进典型事迹，引导和帮助青年全面认识海事、深入了解海事，忠诚热爱海事。

要加强与青年的沟通交流。每年开展青年与领导面对面的交流活动。加强海事内网青年交流平台建设。关心青年身心健康，加强心理疏导，引导青年正确认识和处理好在海事发展中遇到的各种问题，缓解人际沟通、工作竞争、改善生活条件等方面遇到的压力。

（六）进一步强化共青团的基层组织建设，充分发挥团组织的职能作用

各级党组织要坚持“党建带团建”，进一步加强团组织和团干部队伍建设。要把共青团工作纳入各级党组织建设的总体规划。探索建立党团建设联席会议制度，定期研究党建带团建的工作职责、任务、目标，及时解决团建工作中遇到的困难和问题。要完善团组织设置，健全团组织运行机制，有效发挥团组织在海事青年工作中组织凝聚青年、教育引导青年、服务青年发展、激发青年活力的作用。要加强团干部队伍建设。探索推进竞争上岗、公推直选等竞争性选任方式产生团组织负责人，选好配强团干部。将团干部纳入党政干部教育培训培养序列，加大培训培养力度，不断提高团干部的综合素质和做好青年工作的本领。加强对团干部的工作指导，关心团干部的成长。

各级团组织要重点围绕水上交通安全监管的中心工作、服务海事改革发展稳定大局，着眼于促进青年成长成才，部署各项工作、开展各项活动。切实把握青年需求，不断创新工作思路和方式方法，着力打造具有海事特色、富于时代特征、体现青年特点的青年工作品牌，促进团组织工作水平的提高。要加强各直属海事局团组织之间以及海事团组织与有关单位团组织的沟通联系和合作。

同志们，青年工作是一项只有起点没有终点的工作。海事今天的大力建设，需要青年的倾力奉献，海事明天的灿烂辉煌，需要青年去拼搏铸就；海事今天的既定目标，需要青年去奋力实现，海事明天的前进方向，需要青年去智慧引领。让我们携起手来，以战略的眼光重视青年工作，以创新的思维改进青年工作，以务实的举措加强青年工作，通过扎实有效的工作，共同为海事系统的更好更快发展做出应有的贡献！谢谢大家。

在直属海事系统青年工作会议上的讲话

交通运输部海事局常务副局长、党组副书记　陈爱平

2011年7月1日

同志们：

这次会议是在“十二五”开局之年，在全国上下欢庆“七一”，海事进入攻坚、转型、发展、提升的关键期和重要战略机遇期召开的一次重要会议。昨天，徐祖远副部长亲自出席会议并作了重要讲话，着重强调了新形势下加强青年工作的重要性，并从信仰、使命、行动三个维度对青年同志们提出了殷切希望和要求。许如清书记代表部海事局党组作了工作报告，回顾了近年来直属海事系统青年工作情况，总结了过去的好经验、好做法，分析了面临的新形势、新任务，部署了今后一个时期的主要任务。

昨天下午还进行了分组讨论。大家结合当前海事改革发展面临的形势,紧紧围绕徐祖远副部长、许如清书记讲话精神，认真讨论了《十二五时期直属海事系统青年工作规划》（征求意见稿），交流了做好青年工作的经验，指出了当前青年群体和青年工作存在的问题，提出了加强和改进青年工作的建设性意见及规划修改的具体建议。与会同志普遍认为，在纪念中国共产党建党90周年，海事“十二五”发展开局起步之年，做好水上安全监管工作、完成改革发展稳定的任务尤其繁重的时期，我们召开直属海事系统青年工作会议，进一步加强青年工作很有必要，也十分重要，部海事局制订了“十二五”时期直属海事系统青年工作规划，徐祖远副部长和团中央有关部门、部国际司、人劳司、直属机关党委及直属海事系统党政主要领导出席了会议，这充分表明了交通运输部、直属海事系统对海事青年工作的高度重视。大家一致认为，这次会议主题重要、组织严密、准备充分，领导发言十分务实、要求明确，对今后海事青年工作具有很强的指导性。会议内容充实、形式活泼，表彰了直属海事系统十大青年标兵，举行了海事青年辩论赛总决赛，刚才青年标兵代表向全系统青年同志们发出了倡议，表达了进一步做好工作、为海事发展奉献青春力量的信心和决心。会议取得了很好的成效。通

过这次会议，大家进一步深化了对青年工作的认识，明确了青年工作的内容定位、总体要求、基本思路、主要措施与任务，找准了进一步搞好青年工作的着力点和有效抓手，增强了做好青年工作的责任感、紧迫感和自觉性，进一步统一了思想，增强了进一步做好新时期青年工作的自觉性和坚定性。大家一致认为，这是一次求真务实的会议，必将对海事青年工作，对青年的全面发展和未来海事事业发展产生深远的影响。同志们本着对事业负责、对青年负责的态度，进行了认真的讨论，提出了颇具建设性的意见和建议，这些意见和建议将在直属海事系统青年工作规划中进一步细化和明确。同时，对于历史积淀的深层次问题和新形势下出现的涉及国家政策的问题，部海事局将会认真研究，下大力气来妥善解决。

下面，我结合全局工作，围绕会议精神的贯彻落实再强调三方面意见。

一、要从海事科学发展全局和战略高度来把握和加强青年工作

海事事业发展，科技是关键、队伍是根本、人才是核心、创新是动力。今年的直属海事系统工作会议，对“十二五”海事发展作了总体部署。按照这个部署，我们立足现实和长远发展的需要，围绕提高海事综合实力、推进海事科学发展，已把深度开发人力资源、实现创新驱动发展作为战略选择。陆续制定出台了《关于加强海事科技工作的指导意见》、《直属海事系统开展全员培训工作指导意见》，全面推进海事科技发展、落实全员每人每年80学时的培训要求。即将出台的《海事系统“十二五”发展规划》已多方面征求意见；现正在组织制定《直属海事系统“十二五”人才发展规划》，研究推进“四型海事”建设的若干重大问题。这些规划和意见，从一定意义上讲，属于海事发展的顶层设计。在部海事局集中精力加快对海事发展进行顶层设计的背景下，我们制定出台水监体制改革以来第一个青年工作中长期规划，召开水监体制改革以来第一次直属海事系统青年工作会议，也就是从全局和战略高度来认识和加强青年工作。

人的问题是具有全局性、根本性的问题。在海事科学发展和全面履职的进程中，其他任何因素永远不能代替那些认同海事价值理念和发展共同愿景、为事业自觉拼搏奉献的海事人所起的作用。我们全面实施“人才发展、科技发展”战略，抓科技工作、抓全员培训、抓人才工作、抓“四型海事”建设，共同之处就是都涉及到教育人、培养人、使用人和人的全面发展。而青年正处于人生发展、走向成熟的重要阶段，正处于成长成才的重要时期，更具有可塑性，更需要组织的关怀和帮助。同时，他们思维活跃、精力旺盛，充满朝气和活力，富有创新精神，是海事队伍中一支生机勃勃的力量。这就决定了我们教育人、培养人、使用人，促进人的全面发展，必须高度关注青年这个群体，必须高度重视做好青年工作。可以说，能不能建立一支热爱海事、勤于学习、甘于奉献、作风过硬、归属感强的青年队伍，能不能充分发挥青年的生力军和突击队作用，关系到海事全面履职的成效，能不能不断培养造就一大批青年人才，能不能不断推动青年英才脱颖而出，在很大程度上决定着海事事业发展的前景。我们必须从海事事业发展全局和战略的高度，充分认识加强青年工作的重要性和紧迫性，把加强青年工作作为推进海事科学发展的战略举措切实抓紧抓好。

二、要为青年全面发展创造更加良好的环境

良好的人文环境和物质文化生活条件，对人的成长、发展和发挥作用十分重要。一个好的单位，就是要为全体职工的全面发展创造条件，让每个职工的心智健康成长，让每个职工的作用得到充分发挥。在青年工作中，我们所要做的，就是要尊重人的发展规律和青年成长规律，努力为青年全面发展创造良好环境，使青年健康成长，让人人有条件成才，让青年人才大量涌现，促进青年人尽其才、才尽其用，在事业又好又快发展中实现青年的全面发展。

（一）营造厚爱严管的氛围

青年的成长发展，需要单位和组织对这个群体多一份关注、多一份尊重、多一份包容，需要我们积极营造厚爱严管的氛围。要关注青年的成长进步和愿望需求，尊重青年对个性发展和实现自身价值的追求，包容青年人身上的一些不足。对他们在工作和生活中遇到的烦恼和困惑，要及时加以疏导，对他们取得的成绩要及时给予鼓励和肯定，对他们存在的不足要及时给予指导，帮助青年及时总结经

验和教训，帮助青年坚定理想、增强工作责任感和组织观念，养成良好作风。要珍视青年的干事热情和创新精神，鼓励创新、宽容失误，支持青年干事业，保护好青年的积极性和他们身上的闯劲、拼劲，积极引导青年把自身的爱好特长与服务海事科学发展紧密结合起来，使他们通过自身努力最终实现自己的人生理想和价值。要多组织一些适合青年身心特点的文体活动，丰富青年的文化生活。要努力创造条件，着力帮助解决青年特别是新进人员和存在特殊困难的青年的实际问题。

对青年人的厚爱，还体现在对他们的严管。从事业发展的要求来看，海事是为社会公众和行政相对人提供公共服务的机构，履行保障水上交通安全、保护水上环境清洁、保护船员整体权益、维护国家海上主权的职责。随着经济社会发展，社会对公共服务的要求越来越高，对海事履行职责的要求也越来越严格，任何海事人的不当行为都有可能对海事形象造成较大的负面影响。尤其是青年人的思想道德素质和作风，不仅会影响社会公众和行政相对人对当前海事的认知，更会影响他们对今后海事发展的预期。从青年的需求来看，思想道德素质和作风是青年成长成才的决定因素，不注重品德的塑造，没有扎实的作风，难以成为真正有用的人才。同时也要看到，当今社会还存在一些不良风气，对青年可能会有更大的影响。我们必须更加注重提高青年的思想道德素质，加强青年的作风建设。在青年的品德塑造和作风养成上，一定要从严要求、从严管理，这是对海事事业负责，也是对青年负责。从这个意义上，严管就是一种厚爱。当然，严格管理也需要注意方式方法，要注重在引导上下功夫，在效果上动脑筋。

（二）搭建成长成才的平台

青年尽快成长成才需要组织主动搭建平台。要多为青年提供学习实践的机会，让他们在海事发展中增长才干、建功立业、发挥作用。一是要加强针对性的教育培训。继续完善新进人员初任培训，切实加强岗位知识更新和实践技能培训，鼓励和支持青年接受学历学位教育。二是要积极推动青年多岗位锻炼。这既有助于青年个人综合素质的培养和今后的全面发展，也有助于单位提高整体工作水平。特别是对进入单位时间不太长的青年同志，要有计划地安排轮岗，使这些青年同志全面熟悉海事工作，通过实践找准自己职业发展的方向、明确自己的职业发展规划。三是要给青年交任务、压担子。既要让青年多承担一些对本岗位工作规律性研究的工作，也要让青年多承担一些具有开创性的工作和急难险重任务，还要让青年多承担一些全局性的工作。让他们在压力和挑战中，积累经验、提高能力、磨练意志。四是要多为青年开辟沟通交流的渠道。沟通交流的形式要多样，既可以是座谈、研讨、竞赛性活动，也可以是参观考察，既可以面对面交流，也可以开展网上交流。交流的目的是为了了解掌握青年人所思所想、增进了解理解。形式可以多样，但从效果上来讲，要易于青年接受，达到沟通目的。

在搭建成长成才平台方面，我要特别强调一个问题，就是要抓紧培养造就青年人才特别是青年英才。当前海事一些重点领域还存在人才紧缺的现象，海事未来发展还需要我们培养一大批各领域的杰出人才。这个问题解决不好，海事发展就没有后劲，几代海事人不懈努力赢得的良好发展局面就难以进一步开拓。我们一定要着眼于海事未来10年乃至20年发展和全面履职的需要，着眼于在国际海事界更加主动、更大程度地发挥中国海事的影响和作用，围绕重点领域亟需紧缺专门人才和各领域突出人才，早选苗子、重点关注、持续培养，使大批青年英才不断涌现出来。要坚持看主流、看本质、看长处，及时发现各类青年人才。对那些综合素质好、发展潜力大的青年同志，要不拘一格，破除论资排辈、求全责备观念，放手交给他们更重的担子，该放到更高平台锻炼的，要大胆起用，在使用中及时关心指导、加强培养锻炼。“千军易得一将难求”。这方面，各级领导干部特别是各单位党政主要领导要切实负责任、亲自下功夫。

（三）强化有力的制度保障

加强青年工作，促进青年全面发展，要用制度作保障。强化制度保障，要着力把握好两个方面。一方面，青年是海事队伍的组成部分，根据事业发展的需要和队伍结构的变化，加强海事内部管理和人员管理方面的制度建设，促进广大海事干部职工的全面发展，也就是促进青年的全面发展。要切实增强海事内部管理和人员管理制度的严密性和科学性，对海事机构和人员编制核定后，如何进行整体设计，进一步建立健全人员分类管理机制和不同类别单位之间的人员流动机制，要提前研究，要有通盘考虑。特别是要继续深化干部人事制度改革，从人力资源开发、各类人才的选拔使用和考核评价、人员流动和人力资源配置、人员激励保障等方面形成更加科学、更具活力的一整套机制，形成更加有利于包括青年在内的广大海事干部职工全面发展的制度环境，使不同专业、不同岗位、不同能力的人员都能各展所长、建功立业。

另一方面，青年有青年的特点，在加强海事内部管理和人员管理制度建设的过程中，要充分考虑青年成长成才的需求和合理诉求。要研究建立青年个人需求和海事发展相适应的职业生涯规划机制。要健全青年民主参与机制，畅通渠道鼓励青年为海事事业发展建言献策。要建立为青年办实事的制度。各直属海事局要定期全面了解青年思想、学习、工作、生活方面的状况，针对青年存在的突出问题和实际困难，研究提出措施和办法并着力解决，对青年广泛关注的学习培训、交流轮岗、人际交往、后顾之忧等问题，要有针对性地作出制度性安排并抓好落实、做好服务。涉及青年切实利益的事务要民主公开。

（四）树立正确的人才导向

促进青年全面发展，必须树立正确的人才导向。一是要坚持适岗就是才，建立以岗位职责要求为基础，以品德、能力、业绩为导向的评价标准，注重靠实践和贡献评价青年人。只要有一定的专业知识或专门技能，能在岗位上创造性地工作，能为海事作贡献，就是人才，就应当得到单位和组织的认可和尊重。

树立正确的用人导向。选什么样的人、用什么样的人，导向作用非常强。要按照德才兼备、以德为先，注重实绩、群众公认的原则选拔干部。要格外关注那些在条件艰苦、工作困难的地方努力工作的青年，格外关注那些扎实工作、踏实干事的青年，注意从基层和一线选拔各类青年人才。要根据各类人才队伍年龄结构需要，加强老中青相结合的梯队建设，既要切实加大优秀青年人才的选拔和使用力度，又要注意使用各个年龄段的人才。三是要加大青年典型培树力度。充分发挥典型的示范和带动作用，是树立正确导向的重要途径。既要注重突出青年典型的社会价值，也要注重突出青年典型的自我价值。要在各方面、各层面的青年中积极培树具有广泛影响、可亲可敬、可信可学的典型。四是要支持人人都能成才，为青年成才提供公平机会。青年成才，除了个人努力，还需要有公平机会。机会是否公平，会直接影响青年前进的方向。我们就是要让机会公平，支持人人都能成才，让青年通过自身努力去把握机遇。今后，无论是各类青年人才的选拔使用，还是其他方面的人员遴选，都要在政策和上级规定的框架内，通过公平公正的规则和科学公开的程序进行。无论在哪一类岗位上工作的青年，都应平等享有接受培训和锻炼的机会。

三、加强领导，落实责任，合力推动青年工作创新发展

青年工作是一项系统性工程，涉及海事各个领域、各方面工作，必须加强领导、落实责任，统筹协调、合力推进。

（一）完善工作格局，健全工作机制

各直属海事局要尽快建立起“党政齐抓共管，党组（党委）领导下的青年工作委员会统筹协调，各部门分工负责，团组织充分发挥党政联系青年的桥梁纽带作用和职能作用，青年广泛参与”的青年工作新格局。要建立健全青年工作科学的决策机制、协调机制、督促落实机制，形成分级负责、上下联动、协调高效、整体推进的青年工作运行机制。各直属海事局领导班子要把青年工作纳入单位总体工作布局，列为重要议事日程，列入目标管理，列入领导班子分工。班子任期内应召开一次青年工作会议，每年应听取青年工作专题汇报，研究部署青年工作。没有建立青年工作委员会的单位，要尽快建立并明确承担办事机构职能的部门。已经建立的要按照新的工作格局要求，调整完善人员构成。职责和人员组成可参照部海事局的模式。各直属海事局的青年工作委员会要重点抓好全局性问题调研、综合性措施的研究、跨部门工作的统筹协调。各部门要按照职责分工，在做好各方面工作的同时，注重做好涉及青年的工作，有意识地、主动地抓好本领域的青年人才培养，并加强相互之间的协调配合。共青团组织要在海事青年工作的全局中，进一步找准工作定位，明确工作重点、切入点，充分发

挥好党政联系青年的桥梁纽带作用和职能作用，充分发挥在“组织青年、引导青年、服务青年、维护青年合法权益”方面的组织优势和工作优势。

这里，需要强调一下青年工作委员会和团组织的作用及其建设问题。要求成立青年工作委员会并强调它的规格，是由海事当前青年工作的特点和需求决定的，主要是为了加强对青年工作的领导和统筹协调，为了便于开展工作。对于团组织，我们应该看到，在海事青年工作中，在当前青年反映的突出问题的解决上，团组织的职能和作用还有一定的局限性，但更应该看到，团组织作为青年组织有其独特的组织优势和工作优势。加强青年工作，必须进一步加强团组织建设，使团组织的固有作用和优势充分发挥出来。

（二）建立规划体系，抓好重大工程

在广泛调研的基础上，部海事局青年工作委员会编制了《“十二五”时期直属海事系统青年工作规划》，大家普遍认为这个规划很全面、很务实，同时针对各单位的具体情况，也提出了有关意见和建议，部海事局将组织力量作进一步的修改和完善后以正式文件的形式印发。这是指导当前和今后一个时期直属海事系统青年工作的重要文件。各直属海事局要以这个《规划》为指导，编制本单位的青年工作规划，形成直属海事系统青年工作的规划体系。

《规划》在明确“十二五”时期直属海事系统青年工作的指导思想、基本原则、主要目标和任务要求的基础上，提出了五项重大工程。这些工程是做好青年工作的重要措施和载体，也是推动青年工作创新发展的有力抓手。各直属海事局要按照总体要求，结合自身实际，创新工程策划、丰富措施载体、明确推进计划，确保一项一项抓到位、一件一件抓落实，切实抓出成效。总体上讲，五大工程要充分发挥各有关方面和部门的合力作用。同时，要强调的是，各有关方面和部门要根据自身职责，对照五大工程，各有侧重抓好相应工作。凝聚力工程，要以各级领导班子、党团组织为主负责组织开展；青年英才工程，以各级组织、人事部门为主负责抓好落实；青年典型培树工程要以精神文明建设职能部门、工会组织及各级团组织为主负责抓好落实；青春活力工程要以各级外事工作职能部门及团组织为主负责抓好落实；共青团建设工程，要以各级党团组织为主负责抓好落实。

（三）保证资源投入，加强督促考评

对人力资源的投入是效益最大的投入，对青年工作的投入是赢得未来的投入。在这方面要舍得花钱。各单位要在单位预算中要保证用于青年人才培养、奖励和青年活动等的经费。要进一步加大对人力资源开发的投入，并向人才培养适度倾斜，重点支持重点领域紧缺人才和各领域青年英才培养。对青年活动，要从组织、经费、场地和时间等方面给予支持。

舍得花钱，同时要注意提高效益。各单位要切实加强对青年工作的督促和考核评估，确保工作进度和工作效果。部海事局将对各直属海事局青年工作的推进情况及时进行调查和评估。

（四）加强调查研究，创新工作理念

要适应海事发展的新特点和青年成长发展的新变化，深入研究青年成长规律和工作规律，切实提高青年工作科学化水平。各单位要深入调研，全面了解本单位青年发展和青年工作实际，结合会议精神和《“十二五”时期直属海事青年工作规划》要求，进一步改进和完善青年工作的方式方法，科学规划和落实青年工作要求，确保青年工作各项措施落到实处。

在抓工作落实上，要特别注意把握好三个方面的视角：一是全局观，要着眼于交通海事发展的大局，把青年工作融入到海事发展的整体格局中去规划、去推进。二是要有国际眼光，把青年工作放在国际化、全球化的视野下去思考，充分利用国际资源，培养熟悉国际规则、掌握国际知识的青年人才。三是要有开放的思维，树立青年工作人人有责的意识，明确各部门分工和职责要求，突破青年工作由团组织“独奏”的局面，形成工作合力。

同志们，海事事业发展需要一代又一代海事人去奋力开拓。做好青年工作，是我们的共同责任。大家回去要迅速行动起来，认真抓好贯彻落实。希望大家统一思想、真抓实干，着力促进青年成长成才、全面发展，努力打造一支优秀海事青年队伍，培养造就一大批青年人才，不断开创海事青年工作的新局面。谢谢大家。

关于加强和改进青年工作的意见

PART 2

053245
053211

各直属海事局党组、长江海事局党委：

海事青年是海事事业的希望和未来。做好青年工作，对于推进海事科学发展，具有十分重要的现实意义和长远的战略意义。近年来，海事队伍结构不断优化，青年职工比例逐步增大。各直属海事局高度重视青年工作，采取了有力举措，取得了积极成果。为进一步增强直属海事系统青年工作的系统性、针对性和有效性，培养和造就高素质的青年队伍，推动海事事业又好又快发展，现就进一步加强和改进青年工作提出以下意见。

一、指导思想和总体目标

坚持以邓小平理论和“三个代表”重要思想为指导，全面贯彻落实科学发展观，紧密结合水上交通安全监督管理中心工作，围绕2020年全面实现“三个海事”的发展战略目标，按照构建“学习型、责任型、服务型、创新型”海事的要求，建立和完善加强青年工作的领导体制、组织体系和工作机制，充分发挥各级党团组织作用，立足当前、着眼长远，科学规划、持续推进，注重培养、加强引导，搭建平台、丰富载体，着重“抓基层、抓基础、抓落实”，推动青年工作持续稳步发展，促进海事青年成长成才、在推进事业发展中实现自我人生价值。着力建设一支热爱海事、勤于学习、甘于奉献、作风过硬的青年职工队伍，培养一批政治强、视野宽、业务精、素质好的青年骨干人才，使海事青年成为堪当历史重任的新一代、推进海事科学发展的生力军。

二、基本要求

——坚持服务大局、服务青年。围绕海事事业科学发展大局、青年成长成才的需要开展青年工作，引导青年围绕中心任务、重点工作，为海事事业发展多做贡献，帮助青年实现自我价值。既要坚持正确导向，引导青年正确认识和处理好工作生活中遇到的各种问题，又要把解决思想问题和解决工作生活中的实际问题结合起来，积极为青年办实事、解难题、促成才。

——坚持统筹兼顾、合力推进。根据海事长远发展需要、海事队伍现状和发展趋势，制订青年工作的中长期规划，明确措施，狠抓落实。完善工作格局，健全工作机制，统筹各项举措，提高工作的系统性、针对性和协调性，增强青年工作的整体合力。调动和发挥各方面的积极因素，形成广大干部职工关心帮助青年、支持青年工作的良好局面。

——坚持改革创新、务求实效。积极探索和创新青年工作载体，丰富青年工作内容，增强吸引力和凝聚力。切实把握青年人的特点和人才成长规律，根据形势发展变化，创新青年工作思路，改进工作方式方法，扩大青年工作的覆盖面，提高青年工作的实效性。

三、主要任务和措施

（一）全面提高青年综合素质

——提高青年理论素养。坚持用马克思主义中国化最新成果武装青年，增进青年对世情、国情、党情的了解，引导青年自觉用科学发展观武装头脑、指导实践、推动工作，调动青年学习理论的积极性和主动性，帮助青年树立正确的世界观、人生观、价值观，坚定共产主义远大理想和中国特色社会主义信念，提高青年的理论素养和运用马克思主义世界观、方法论分析解决问题的能力。

——提高青年道德修养。积极探索新形势下做好青年思想政治工作的新途径、新方法，增强思想政治工作的针对性和实效性，坚持不懈地在海事青年中广泛开展社会主义核心价值体系教育。大力弘扬以爱国主义为核心的民族精神和以改革创新为核心的时代精神，帮助青年牢固树立社会主义荣辱观，增强公民意识，自觉遵守社会公德和公共秩序，依法保护自身公民权利、表达自身诉求、处理涉及自身利益的问题。大力开展职业道德教育，加强海事文化建设，学习弘扬杨庆文精神，增强青年职业荣誉感和工作责任感，使广大青年热爱交通海事，树立忧患意识、公仆意识和节俭意识。倡导志愿服务理念。广泛开展形式多样的青年联谊活动、团队建设和集体活动等符合青年个性特点、贴近青年思想和工作实际、积极向上的文体活动，增进青年之间的交流与了解，增强青年的团队意识和合作精神。

——提高青年文化修养。鼓励青年多读书，读好书，继承和发扬优秀传统文化，学习世界先进文化，丰富精神世界。充分利用海事内网和内部刊物等媒介，增进青年思想文化交流，促进共同提高。各单位要充分利用现有职工活动场所等，针对青年群体的具体需求，开发服务青年的功能和活动项目。偏远地区或青年生活居住比较集中的单位，要积极改善青年生活条件，加强文化设施建设，丰富青年文化生活。

——提高青年实践能力。支持鼓励自主学习，倡导勤奋好学、学以致用的学风，引导青年树立终生学习的理念，鼓励青年紧扣海事事业发展和本职工作的需要开展学习、刻苦钻研、积极实践。根据青年成才和实际工作需要，制定实施青年继续教育和培训计划，积极创造条件，帮助青年不断更新知识、提高实际工作能力。增强对新进人员岗位培训的针对性和系统性。引导青年通过岗位实践，不断总结，逐步积累经验，提高自己的能力和水平。为青年丰富经历、开拓视野提供条件，积极开展海事青年跨单位、跨层次的工作交流。更加注重多岗位培养青年职工，在基层单位和艰苦岗位锻炼青年干部。

（二）着力打造青年人才队伍

——加强青年执法专业人才和拔尖人才队伍建设。实施青年专业技术人才培养工程，完善有关制度，着力培养一批高层次青年专家和带头人。积极为青年骨干创造干事创业的条件、机会和环境，注重选派优秀青年骨干出国学习培训和参与国际交流。建立和完善通过科研课题、重大项目带动人才梯队建设的机制，在重大科研课题和重大项目实施过程中要注意吸收青年人才参加。充分发挥国际海事研究会和海事各类研究机构的作用，吸引和带动青年对海事工作进行研究。通过举办海事青年创新论坛、设立海事青年创新奖、开展海事青年优秀论文评选等方式，激励青年围绕事业发展需要，大胆创新。各直属海事局要培养一批35岁以下的高级专业技术职称人员和高级职业资格的人员，一定数量能够承担海事系统重点课题研究的高层次专业技术人才、在国际海事界有一定影响力的青年领军人才，争取更多的青年专业技术人才进入国家层次的“十百千”人才队伍。

——加强青年党政管理人才队伍建设。围绕海事发展战略，按照海事领导班子和领导干部队伍建设的目标要求，健全促进优秀年轻干部脱颖而出的长效机制，加大年轻干部选拔培养力度。立足今后10年乃至更长时间，储备一批年轻干部，早发现、早培养，打好成长成才基础。将政治上靠得住、工作上有本事、作风上过得硬、群众信得过的优秀青年及时选拔到领导岗位上来，不断改善各级领导班子和领导干部队伍的结构。分层次、分类别、有针对性地对青年干部进行培养，特别是到基层一线经受锻炼和考验。各直属海事局应有一定数量的35岁左右的正处级领导干部和30岁左右的副处级领导干部，争取为交通运输系统输送更多党政领导人才。

（三）充分发挥青年作用

——激励青年争先创优。大力开展积极向上、主题鲜明、富有意义的青年主题活动，积极组织开展知识竞赛、技能比武、演讲比赛、辩论赛等竞赛性活动，建立健全先进青年集体和优秀青年评选、表彰工作体系，加大青年先进典型培树力度，教育和引导青年扎实工作、勇于创新、乐于奉献，追求岗位业绩最优。指导帮助符合条件的集体和个人争创“青年文明号”和“青年岗位能手”、“庆文式标兵”。积极营造鼓励创新的氛围，借助各种媒体，加大对海事青年的宣传力度，激发海事青年争先创优热情。

——充分发挥青年才智。针对青年整体学历层次较高、民主参与意识强，富有活力和朝气，勇于探索创新的特点，加强引导、拓展渠道，使青年聪明才智得以充分发挥。健全青年参与单位重大决策的机制，建立青年意见反馈机制，畅通青年民主参与渠道。积极组织和动员青年参与海事重点工作和急难险重任务。以兴趣小组等多种形式，引导青年将自己的兴趣爱好与海事工作紧密结合起来，为海事事业贡献力量。积极组织开展主题鲜明的对内对外志愿服务活动和社会公益活动。引导青年通过多种渠道和方式，积极宣传海事，扩大海事在社会上的影响。

——加强青年对外交流。充分发挥青年组织的特色和优势，积极拓展对外交流渠道、丰富对外交流形式，逐步提高对外交流层次，服务海事对外交流合作。加强海事部门与其他单位的青年交流合作，积极开展青年工作组织共建活动。探索建立与国外及港澳台海事部门青年工作交流机制。

四、切实加强对青年工作的领导

加强和改进青年工作，是贯彻落实党和国家方针政策、促进海事事业又好又快发展、服务青年成长成才的需要，各级领导班子要从战略和全局的高度，切实增强加强和改进青年工作的责任感和紧迫感，将青年工作纳入本单位工作的总体布局，统一研究、统一部署、统一考核。要明确分管领导，定期听取青年工作汇报，及时研究解决重要问题，从组织、经费、场地、时间等各方面加大对青年工作的支持力度。党政主要领导要高度重视并切实支持青年工作、青年活动和青年人才培养。

各单位党组织要坚持“以党建带团建”，切实加强团组织建设，充分发挥团组织的作用，依托团组织开展好青年工作。要建立和完善“党建带团建”工作机制，不断加强以团干部为主体的青年工作队伍建设。把思想好、能力强、作风正、有热情的优秀年轻党团员，及时选拔到团组织的领导岗位上。团组织的书记、副书记应按同级党组织（行政）职能部门负责干部的条件配备，并享受相应的政治、生活待遇。将团干部纳入党政干部教育培训培养序列，加大培训培养力度。

为加强对直属海事系统青年工作的领导和统筹协调，决定成立部海事局青年工作委员会，在部海事局党组领导下，负责统筹规划直属海事系统青年工作，协调青年事务。委员会办公室设在党工部。

各直属海事局要及时将本单位青年工作情况上报部海事局。部海事局将定期编发青年工作简报，适时对各直属海事局青年工作情况进行调研检查，并采取适当的方式组织交流，总结经验，提出加强和改进意见，推进青年工作科学发展。

二〇一〇年四月十五日

PART 3

青岛港(集团)有限公司港机厂制造
Qingdao Port Group Co. Port Machinery Plant
中国海事局
CHINA MSA
MSA
鲁B·9P080

目录

前　言

人是事业发展最可宝贵的要素，队伍是各项工作的根本。在海事科学发展和全面履职的进程中，其他任何因素永远不能代替那些认同海事价值理念和发展共同愿景、为事业自觉拼搏奉献的海事人所起的作用。

海事青年富有朝气和活力，是推动海事又好又快发展的生力军和重要的可持续资源，是海事事业的希望和未来。在海事发展的各个时期，一代又一代海事青年勇于担当、甘于奉献，为海事事业蓬勃发展做出了突出贡献。“十二五”时期，海事处于攻坚、转型、发展、提升的关键期和重要战略机遇期。面对新形势新任务新要求，提高青年综合素质，促进青年成长成才，充分发挥青年作用，对于推进海事科学发展，具有十分重要的现实意义和长远的战略意义。

依据《中国海事发展纲要》和部海事局党组《关于加强和改进青年工作的意见》以及部海事局对海事“十二五”发展的总体部署，部海事局青年工作委员会编制了《“十二五”时期直属海事系统青年工作规划》（以下简称《规划》）。《规划》旨在阐明直属海事系统青年工作面临的形势，明确“十二五”时期直属海事系统青年工作的指导思想、基本原则、主要目标和任务措施，是当前和今后一个时期直属海事系统青年工作的指导性文件。

一、现状分析与形势需求

（一）现状分析

水监体制改革以来，随着事业发展和干部人事制度改革的逐步深化，海事队伍结构发生了较大变化。特别是“十一五”期间青年职工数量及在队伍中的比例大幅增加。海事青年来自五湖四海，专业背景多样，分布在海事的各个层级、各个领域。目前直属海事系统在编在岗职工中，40岁以下的占40.5%，35岁以下的占27%；有的直属海事局职工平均年龄不超过40岁，部分基层单位青年职工比例超过50%。

总体上看，海事青年既具有人在青年时期易接受新事物新观念、可塑性强，思维活跃、创新意识和民主参与意识强，物质文化需求多、人生发展变化大，心智走向进一步成熟的阶段特征；也具有当代青年思想活动的独立性、选择性、多变性、差异性强的时代特征；还具有学历层次和文化素质水平较高、视野较宽，成长成才、实现自身价值的愿望比较迫切，但阅历较浅、经验不够丰富的群体特点。海事青年在工作中较好地发挥了生力军和突击队作用，是一支值得信赖、必须依靠的重要力量。同时，与完成好当前日益复杂的海事监管任务和未来承担进一步提升海事发展品质的重担的要求相比，海事青年的思想素质和能力水平还需不断加强和提高。

近年来，随着青年职工数量不断增长，各单位重视青年、关爱青年的氛围日益浓厚，对青年工作的思想认识和重视程度普遍提高，并结合实际采取了各具特色的做法，取得了重要进展与积极成效。对健全青年工作体制机制和工作体系的探索研究不断深化；积极利用内外资源，加强对新进人员、青年骨干的培训；注重利用重要工作、重大活动、突发事件等机会为青年提供干事创业平台；通过设立助理岗位、公开竞岗、公推直选等方式，加大青年干部的培养选拔力度；注重通过网络等现代手段和青年喜好的方式，加强对青年的思想引导，增进与青年的沟通交流；不断加强团组织和团干部队伍建设，注重发挥团组织的作用，青年活动载体和品牌建设取得突出亮点。在丰富青年文化生活、解决青年实际困难等方面，各单位也主动采取举措，青年的归属感逐步增强。

同时，应该看到直属海事系统青年工作还存在发展不平衡的现象，系统性、针对性、有效性尚需进一步增强，整体水平仍需提升。具体表现在：对青年工作的定位和内涵的认识不够全面、准确和深刻；工作体制机制和工作体系有待进一步健全和完善；对照事业发展和青年全面发展需要，帮助青年弥补自身不足以及解决青年普遍反映的一些突出问题的力度还需进一步加大；工作方式方法有待进一步创新。

（二）形势需求

“十二五”时期，海事处于攻坚、转型、发展、提升的关键期和重要战略机遇期，青年工作也面临着更高的要求和更加繁重的任务。

中央和部党组的政治要求。党和国家历来高度重视青年和青年工作。胡锦涛总书记在庆祝中国共产党成立90周年大会上着重指出，“全党都要关注青年、关心青年、关爱青年，倾听青年心声，鼓励青年成长，支持青年创业。”部党组十分关心青年和青年工作，在致部直属机关团代会暨青联成立大会的贺信中强调，“各级党组织一定要从事业发展全局的高度重视青年工作，采取更加有力措施，为广大青年健康成长、干事创业提供有利条件，更好地发挥他们在交通运输科学发展中的重要作用，不断创造新的青春业绩，为加快转变发展方式、推进现代交通运输业发展而奋发努力。”这些既为海事青年工作指明了方向，又对海事青年工作提出了明确要求。

海事科学发展的战略要求。海事系统已确定2015年基本建成全方位覆盖、全天候监控、快速反应的现代化水上交通安全监管系统，为建设综合交通运输体系提供有力支撑，稳步迈向发达国家海事管理水平，2020年全面实现“三个海事”的发展战略目标，明确了建设“学习型、责任型、服务型、创新型”海事的要求。海事青年的思想素质和能力水平，既影响当前岗位履职质量，更决定海事未来发展水平。立足当前，着眼未来，加快促进青年成长，全面加强对青年的思想引导、对青年履职能力的培养以及对青年创新精神的激励，动员组织一代代青年为海事事业贡献智慧和力量，是海事科学发展对青年工作提出的战略要求。

海事青年的全面发展需求。青年处于人生发展的重要阶段。在良好的人文环境和物质文化生活条件下成长成才，有施展才华、建功立业的广阔舞台，是青年的普遍诉求。在对组织的自觉认同、知识经验、能力素质、职业精神和良好作风等个人职业发展所需的要素中，海事青年既需要通过个人不懈努力予以丰富提高，更离不开组织主动加强培养。做好青年工作，为青年成长成才创造良好环境和条件，帮助青年坚定理想信念，增长知识本领，锤炼品德意志，矢志奋斗拼搏，使其在海事发展的广阔舞台上充分发挥聪明才智、尽情展现人生价值，实现全面发展，既是海事青年的迫切愿望，也是各个单位和各级组织的重要责任。

二、指导思想、基本原则、主要目标

（一）指导思想

以邓小平理论和“三个代表”重要思想为指导，全面贯彻落实科学发展观，紧紧围绕水上交通安全监督管理中心工作，按照海事“十二五”发展的总体部署和建设“学习型、责任型、服务型、创新型”海事的要求，以“服务海事科学发展、促进青年成长成才”为主线，以改革创新为动力，着重“抓基层、抓基础、抓落实”，着力提高青年思想政治素质和岗位履职能力，激发青年活力，充分发挥青年作用，切实体现青年价值，为青年健康快速成长创造有利环境，为海事提升发展品质、提高综合实力、巩固发展优势提供坚强支撑，为海事“十二五”时期攻坚、转型、发展、提升激发内在活力，为2020年全面实现“三个海事”的发展战略目标奠定坚实基础。

（二）基本原则

青年工作是海事各项工作中战略性、基础性、系统性、创新性都很强的一项工作，贯穿于海事工作的各个领域和各个方面。“十二五”时期直属海事系统青年工作，必须遵循以下原则：

——围绕中心、服务大局。坚持站在战略和全局的高度、从服务海事改革发展稳定大局的角度，认识和推进青年工作。紧紧围绕水上交通安全监督管理中心工作，把推进事业发展和促进青年发展紧密结合起来，开展青年工作。

——覆盖全体、强化基层。坚持青年工作覆盖全体青年，把青年广泛参与、广泛受益作为青年工作的重要取向。充分认识基层的重要地位和作用，树立重视基层、加强基层的工作导向，把青年工作的着眼点、着力点和重点放在基层来推进。

——协调联动、合力推进。完善工作格局，健全工作机制，充分发挥各层级、各方面的职能作用，整合内部资源、争取外部资源，调动一切积极因素，统筹各项举措，提高青年工作的系统性、针对性和有效性。

——把握规律、持续创新。遵循青年工作规律，尊重基层首创精神，主动适应形势发展变化，把握青年的思想和行为特点，关注青年个性发展和差异化需求，不断创新工作思路和方式方法，丰富青年工作内涵，推动青年工作持续稳步发展。

（三）主要目标

着眼于建设一支热爱海事、勤于学习、甘于奉献、作风过硬的青年职工队伍，培养一批政治强、视野宽、业务精、素质好的青年骨干人才，使海事青年成为堪当历史重任的新一代、推进海事科学发展的生力军的总体目标，综合考虑海事未来发展趋势和要求，“十二五”时期直属海事系统青年工作的基本目标是：

——青年思想政治素质进一步提升。广大海事青年树立坚定的理想信念，自觉践行海事核心价值理念，职业道德水平明显提升。

——青年岗位履职能力进一步提高。广大海事青年立足岗位、高效履职能力全面提高，工作的创造性明显增强，各类青年人才的质量和数量明显提高。

——青年作风得到进一步改进。广大海事青年求真务实的思想作风和脚踏实地的工作作风进一步形成，廉洁自律意识明显增强。

——青年作用得到进一步发挥。广大海事青年在海事改革发展稳定大局和各项工作中的生力军、突击队作用得到充分发挥，支撑事业发展的作用更加明显。

——青年对海事的归属感进一步增强。广大海事青年更加热爱海事，服务事业的责任感、使命感明显增强。青年群体工作学习生活中的实际困难和合理诉求得到及时关注和妥善解决，对海事的认同感和归属感明显加强。

——青年工作体系进一步完善。青年工作格局进一步完善，工作机制进一步健全。青年工作深度影响全体青年，有效服务全体青年。

具体目标是：青年人才能够满足海事人才队伍年龄结构需要，争取为交通运输系统输送更多人才。中国海事专家库、领军人才库中有一定数量的40岁以下的青年专家。各直属海事局根据本单位实际情况，研究确定各类人才队伍年龄结构目标并努力实现，其中处级领导干部中40岁以下的应不低于10%，要有一定数量的35岁左右的正处级领导干部和30岁左右的副处级干部；要有一定数量能够承担海事系统重点课题研究和在国际海事界有一定影响力的40岁以下的青年人才。力争到2015年，系统内有新列为国家层次“百千万”人才、交通运输部层次“十百千”人才和交通科技英才的40岁以下的青年人才；优秀青年个人或青年集体获得全国性表彰奖励达10人（个）次以上、获省部级表彰奖励达60人（个）次以上。

三、主要任务和基本要求

（一）加强理论武装和教育引导，提升青年思想政治素质

引导和帮助青年坚定理想信念。以中国特色社会主义共同理想引导青年，坚持用马克思主义中国化最新成果武装青年，帮助青年树立正确的世界观、人生观和价值观，夯实坚定理想信念的思想基础，引导青年自觉用科学发展观武装头脑、指导实践、推动工作。

引导和帮助青年提高思想道德素养，树立正确的价值取向。以重大活动、重大事件和重大节日为契机，通过各种形式的理论教育和实践活动，增进青年对世情、国情、党情、局情的了解。坚持贴近青年、贴近实际，坚持不懈地在青年中广泛开展社会主义核心价值体系教育，推动青年大力弘扬以爱国主义为核心的民族精神和以改革创新为核心的时代精神，帮助青年牢固树立社会主义荣辱观。引导青年增强公民意识，自觉遵守社会公德和公共秩序，依法保护自身公民权利、表达自身诉求、处理涉及自身利益的问题。加强对青年职工的职业道德教育，大力培养职业精神，着力引导青年树立正确的权力观、名利观，牢固树立“执法为民，服务社会”的价值取向和行为导向。

引导和帮助青年提高文化修养。鼓励青年多读书，读好书，继承和发扬优秀传统文化，学习世界先进文化，丰富精神世界。充分利用海事内网和内部刊物等媒介，增进青年思想文化交流，构筑海事青年精神家园，促进共同提高。

（二）加强系统化培训和全方位培养，提高青年履职能力

倡导终生学习的理念和勤奋好学、学以致用的学风，支持鼓励青年自主学习和在职接受学历（学位）教育，鼓励青年紧扣海事事业发展和本职工作的需要开展学习，通过岗位实践、刻苦钻研，不断总结，逐步积累经验，全面提高素质和能力。

进一步拓宽培训渠道，丰富培训方式，逐步形成针对性、系统性相统一的培训机制和培训体系。切实加强新进人员系统化培训。按照“干什么、学什么”和“缺什么、补什么”的原则，切实落实每人每年脱产培训时间累计不少于80学时要求的同时，进一步加强对各层级、各岗位青年的培训。通过系统化培训，促使青年立足岗位工作，不断更新知识、提高技能，高效履职。

为青年丰富经历、开拓视野提供条件。积极开展海事青年工作交流，更加注重多岗位培养青年职工，注重在基层单位和艰苦岗位上锻炼青年干部。注重吸收青年参加科研项目、课题研究和重点工作，充分发挥国际海事研究会和海事各类研究机构的作用，吸引和带动青年对海事工作进行创新研究。通过全方位培养，促使青年在工作实践中，进一步明确发展目标，砥砺意志品质，增长本领，成长成才。

（三）加强青年习惯养成和纪律约束，培育青年良好作风

以文化熏陶促习惯养成。高度重视单位文化氛围和文明环境对青年的影响。大力加强青年文化建设，持续推进半军事化管理。教育引导青年养成良好的工作习惯和生活习惯。引导青年深刻认识自身在事业发展中承担的历史责任和在履职中承担的岗位责任，不断增强责任意识、团队意识和合作精神。在青年中大力弘扬求真务实作风，注意帮助引导存在浮躁心态和急功近利作风的青年同志克服不良习惯，养成务实作风。坚持正面教育为主，注重加强监督管理，切实加强海事政风建设。严明纪律，严格对青年的廉政要求，着力增强青年廉洁自律意识，促进青年明辨是非，争做勤政廉政先锋。

（四）搭建建功立业和施展才华平台，充分发挥青年作用

充分发挥青年在海事各项工作中的生力军作用和在重点工作、重大活动、重要任务、突发事件中的突击队作用。积极搭建实践平台，努力实现学用统一、人岗适配、各尽其才。探索创新符合青年需求、适应青年特点、广受青年欢迎的活动载体，积极搭建青年展示风采、发挥才能的舞台。调动青年

参与热情，拓宽青年参与渠道，鼓励广大海事青年为海事的科学发展建言献策。引导青年广泛参与推动海事发展的实践，努力营造全体海事青年乐于创新、善于创新的环境氛围。注重发挥青年群体的特色和优势，积极拓展对外交流渠道、丰富对外交流形式，逐步提高对外交流层次，服务海事对外交流合作。使广大海事青年在干事创业的广阔舞台上发挥作用，体现价值。

（五）重视青年合理诉求和突出困难，努力解决好青年物质文化需求

关心青年身心健康，积极改善青年工作和生活条件。定期了解青年思想状况，加强心理疏导，引导青年正确认识和处理好在海事发展中遇到的各种问题，帮助青年正确应对在人际沟通、工作竞争、改善生活条件等方面遇到的压力。充分利用现有硬件设施和职工活动场所等，针对青年群体的具体需求，开发服务青年的功能和活动项目。偏远地区、青年生活居住比较集中的单位，要加强文化设施建设，丰富青年文化生活。对生活有特殊困难的青年群体，制定具有针对性的措施。涉及青年切实利益的事务要民主公开。

四、青年工作重大工程

在全面推进上述工作任务的同时，着力开展青年工作重大工程。

（一）青年凝聚力工程

着眼于提高海事凝聚力，增强青年归属感，提升海事发展动力，实施青年凝聚力工程。

——为青年办实事。各单位定期了解青年在思想、学习、工作、生活方面的状况，掌握青年存在的突出问题和实际困难，研究提出措施办法并着力解决。

——文化凝聚。每年组织青年特别是新进人员学习了解海事核心价值理念、行为规范、海事史、海事发展成就和工作业绩、先进典型事迹，引导帮助青年全面认识海事、深入了解海事、忠诚热爱海事。

——加强领导与青年的沟通。每年各直属海事局和处级以上单位领导班子成员，围绕海事事业发展和青年成长成才的主题，为本单位青年作一次讲座。每年开展一次青年与领导面对面的交流活动。

——搭建青年思想交流平台。加强海事内网青年交流平台建设。在《海事研究》开辟青年工作专栏。

——各单位党代会（职代会）要有一定比例（数量）的青年代表。

（二）青年英才工程

着眼于海事发展和全面履职的需要，围绕重点领域亟需紧缺专门人才和各领域突出人才，实施青年英才工程。

——加大人力资源开发力度，深化干部人事制度改革。建立健全青年人才的培养开发机制、评价发现机制、选拔使用机制和激励保障机制，做到及时发现人才、加快培养人才、合理使用人才。对于德才兼备、实绩突出、群众公认的青年人才，敢于大胆破格使用。

——定期选派复合型杰出青年人才出国学习培训。积极选派各业务领域青年人才参加国际会议以及以适当方式到与海事相关的国际组织或区域性组织工作学习。重大课题和科研项目要有一定数量的青年参加。注重在基层一线培养选拔各类青年人才。推荐优秀青年加入地方青联组织。探索建立海事各工作领域青年优秀人才名单制度，并对入选青年加强培训培养。

——以多种方式激励青年围绕事业发展需要，大胆创新，设立海事青年创新奖，举办海事青年创新论坛，开展海事青年优秀论文评选。

（三）青年典型培树工程

着眼于激励青年创先争优，营造比学赶超的良好氛围，树立海事良好形象，实施青年典型培树工程。

——健全青年典型的发现、培养、宣传、激励机制，加大青年典型培树力度。努力把在全系统有重大影响的先进典型推向交通运输行业乃至全国。

——重点培养和宣传包括“青年文明号”在内的，体现海事核心价值体系、创造一流工作成绩，管理规范、开拓创新、文明高效的青年集体典型。

——积极培树各方面、各层面的青年典型，既注重突出青年典型的社会价值，也注重突出青年典型的自我价值；注重选树具有广泛影响、可亲可敬、可信可学的青年典型。重点培养和宣传包括“青年岗位能手”、“庆文式标兵”在内的，实践成才的青年典型、学习创新的青年典型、敬业爱岗的青年典型、奉献基层的青年典型、团结友爱的青年典型。

——加强和改进直属海事系统优秀青年个人的评选表彰工作。

（四）青春活力工程

着眼于展示青年兴趣才华、丰富青年文化生活，激发青年的干事创业热情，实施青春活力工程。

——丰富青年活动载体。围绕海事每个时期的重点工作、重大活动，开展积极向上、主题鲜明、富有意义的青年主题活动。组织开展知识竞赛、技能比武、演讲比赛、辩论赛等竞赛性活动。以兴趣小组等多种形式，引导青年将自己的兴趣爱好与海事工作紧密结合起来、与素质能力提高结合起来，为海事事业贡献力量。

——实施青年志愿服务计划。以满足青年被尊重和自我实现的价值需求为重点，以服务海事事业发展、促进青年健康成长为宗旨，积极组织青年开展对内对外志愿服务。

——加强青年对外交流。积极开展海事部门与其他单位的青年交流。探索建立与国外及港澳台海事部门青年工作交流机制。

（五）共青团建设工程

着眼于切实发挥团组织在“组织青年、引导青年、服务青年、维护青年合法权益”方面的作用和独特优势，坚持“党建带团建”，实施团建工程。

——共青团工作纳入各级党组织建设总体规划。探索建立党团建设联席会议制度，定期研究党建带团建的工作职责、任务、目标，及时解决团建工作中遇到的困难和问题。

——加强团组织建设。完善团组织设置，健全团组织运行机制，有效发挥团组织在海事青年工作中的作用，确保团组织覆盖全体青年、团的工作影响全体青年。在深化水监体制改革工作中，进一步明确团组织的机构设置，合理确定领导职数和人员编制。

——加强团干部队伍建设。探索和推进采取竞争上岗、公推直选等竞争性选任方式产生团组织负责人，按照标准条件选好配强团干部。将团干部纳入党政干部教育培训培养序列，加大培训培养力度，着力培育团干部的务实作风，不断提高团干部的能力素质和做好青年工作的本领。加强对团干部的工作指导，关心团干部的成长。

——加强青年活动品牌建设。着重围绕水上交通安全监督管理中心工作、服务海事改革发展稳定大局，着眼于促进青年成长成才，部署各项工作、开展各项活动。切实把握青年需求，不断创新工作思路和方式方法，着力打造具有海事特色、富于时代特征、体现青年特点的活动品牌。

——积极探索研究直属海事系统共青团工作联席会议制度，完善工作机制。加强各直属海事局团组织之间以及海事团组织与有关单位团组织的沟通联系和合作。

五、保障措施

（一）完善工作格局

部海事局和各直属海事局建立党政齐抓共管、局党组（党委）领导下的青年工作委员会统筹协调、各部门分工负责、团组织充分发挥党政联系青年的桥梁纽带作用和职能作用、青年广泛参与的青年工作格局，明确本单位青年工作委员会及其办事机构的主要职责和人员构成，确定承担青年工作委员会办事机构职能的部门。

（二）健全工作机制

建立健全科学的决策机制、协调机制、督促落实机制，形成分级负责、上下联动、协调高效、整体推进的青年工作运行机制。

（三）落实工作责任

部海事局和直属海事局领导班子要把青年工作纳入单位总体工作布局，列为重要议事日程，列入目标管理，列入领导班子分工，每个任期内召开一次青年工作会议，每年听取青年工作专题汇报，研究部署青年工作。部海事局和直属海事局青年工作委员会重点抓好全局性问题调研、综合性措施研究、跨部门工作统筹协调。部海事局和直属海事局机关各部门要注重做好涉及青年的工作，有意识地、主动地抓好本领域的青年人才培养。组织、人事、宣传和精神文明建设、后勤服务部门等相关部门要在青年工作中积极发挥本部门的职能作用。科研管理、外事部门要在科研工作和外事工作中确定青年培养的措施并推进落实。团组织要在青年工作的全局中，进一步找准工作定位，明确工作重点、切入点，充分发挥好党政联系青年的桥梁纽带作用和职能作用，充分发挥组织优势和工作优势。

（四）加强物质保障

各单位在单位预算中编列用于青年人才培养、奖励和青年活动等的经费，从组织、经费、场地、时间等各方面支持青年活动。

六、组织实施

（一）健全规划体系

各直属海事局要以《规划》为指导，结合工作实际，编制并实施本单位的青年工作规划，形成直属海事系统青年工作规划体系。

（二）营造良好氛围

各单位要大力宣传中央关于青年工作的重大战略思想、方针政策和部党组的有关要求，宣传《规划》实施过程中的典型经验、做法和成效，进一步营造全系统关心青年、支持青年工作的良好氛围。

（三）加强督促考评

部海事局青年工作委员会对《规划》实施进行统筹协调和宏观指导，适时采取适当方式对《规划》实施情况进行调查和评估。部海事局机关各部门要密切配合，加强具体指导，每年根据《规划》确定的重点工作任务，明确加强青年工作的举措。

交通运输部海事局青年工作委员会

二〇一一年十月

直属海事系统青年队伍和青年工作的调查与分析

PART 4

造 船
中国海
CHINA MSA

目录

第一章 调查工作的基本情况

为了能够准确分析判断青年工作面临的形势和任务，正确认识和评价青年职工群体，研究确定"十二五"时期青年工作的总体思路，根据部海事局党组关于加强直属海事系统青年工作的有关要求和《关于2011年直属海事系统青年工作有关安排的通知》（海党工[2011]23号）的工作部署，部海事局青年工作委员会于2011年3–5月组织对当前直属海事系统青年队伍和青年工作基本情况进行了全面的调查了解。调查工作共分三个阶段。

一、调查准备

3月初至3月中旬，部海事局青年工作委员会组建的工作组，对调查工作作了充分准备，制定了调查工作的总体方案，确定了调查内容、调查方式、调查对象和范围。

（一）调查内容

调查内容分为三个方面：一是青年队伍的情况，包括青年队伍的基本情况、思想状况以及青年职工在工作和生活中遇到的普遍性问题。二是青年工作的情况，包括近年来各直属海事局在青年工作方面采取的主要举措、取得的成效、遇到的主要问题和困难，以及团组织设置和团干部队伍基本情况。三是有关方面对进一步深入推进青年工作的意见建议。

（二）调查方式

统筹考虑调查的全面性和可行性，以及调查工作的需要和各种调查方式对调查对象可能的心理影响，确定了以问卷法和座谈法相结合、选答式问题和开放式问题相结合、突出不同层面侧重点的针对性问题和可供比较分析的共性问题相结合、书面调查和网络调查相结合的调查方法，并根据调查内容和日常了解的青年职工和青年工作的情况，研究制定了调研提纲和调查问卷，确定了具体调查题目，明确了反馈要求。

（三）调查对象和范围

为了确保调查的广泛性和调查结果的代表性，确定了不同调查方式的对象和范围，明确了参加调查人员数量和分布的要求。一是在单位和组织层面进行的书面调查，覆盖14个直属海事局。二是在领导干部层面进行的书面问卷调查，范围和对象为直属海事局和副局级港口局领导班子成员，以及直属海事局机关部门正副职、直属海事局下属二级机构主要领导，要求直属海事局机关部门正副职和下属二级机构主要领导数量按照本单位中层干部数的10%左右掌握，其中一半左右为下属二级机构主要领导。三是在40周岁以下青年职工层面，书面问卷调查要求覆盖直属海事局机关和基层单位并考虑基层单位的代表性，参加调查的人员数量按本单位青年职工数量的10%左右掌握并在年龄、职务层级、工作岗位等方面具有较强的代表性。同时，为便于更多的青年职工参与调查，在海事内网和海事外网上进行网络问卷调查。四是分两个片区与直属海事局分管领导、组织部门和团组织负责人及青年代表进行座谈调查。

二、调查实施

调查工作于3月28日正式实施。14个直属海事局按照书面调研提纲要求报送了反馈材料和青年职工、团组织设置和团干部基础数据。337名领导干部参加了书面问卷调查，其中直属海事局领导班子成员50人、副局级港口局领导班子成员33人、直属海事局机关部门正副职102人、直属海事局下属二级机构主要领导146人（另有6人未填明职务类别）。40岁以下青年干部职工中，1123人参加了书面调查，618人参加了网络调查，分别占青年职工总数的12.09%和6.65%。召开了两个片区的直属海事局领导、组织部门和团组织负责人、青年代表座谈会，并在1个分支机构召开了青年代表座谈会，14个直属海事局、60多人参加了座谈。

三、数据材料分析和报告撰写

4月中下旬开始调查数据材料分析和报告撰写。对各种调查方式获取的材料和数据进行了汇总及统计。汇总了各单位反馈的书面材料、青年职工基础数据、团组织设置和团干部队伍基础数据，整理汇总了座谈会中了解的情况，使用社会科学统计软件（SPSS 13.0）对领导干部和青年职工问卷数据进行了统计。在对调查材料和数据进行全面分析、综合归纳的基础上，形成了对青年队伍基本情况和思想状况，直属海事系统青年工作基本情况、主要成效、存在的不足，以及当前和今后一个时期直属海事系统青年工作总体思路的认识和判断，并撰写了调查分析报告。

这次调查工作得到了部海事局领导班子的高度重视和系统上下的大力支持。部海事局党组会议专门审议了调查工作总体方案并提出了明确要求。陈爱平常务副局长、许如清书记多次听取青年工作有关情况的汇报，对调查工作提出了具体的要求和指导意见，徐津津副书记率队到上海召开了两个座谈会。各直属海事局认真反馈了有关材料、提供了相关数据，并协助在本单位开展了问卷调查，各单位领导和干部职工积极参加了调查。在部海事局领导班子的重视、指导和各直属海事局的大力协助下，调查工作得以顺利完成。

第二章 青年队伍总量及结构分析

本项调查，通过各直属海事局填报的基础数据和反馈的材料，掌握了直属海事系统青年队伍总量及在年龄、性别、政治面貌、文化程度、职级、专业技术任职资格、所属单位层级等方面的分布情况。

一、调查结果

目前各直属海事局在编在岗职工中，40周岁及以下的9292人、占总数40.51%，其中35周岁及以下的6242人、占27.22%。

（一）年龄和性别分布

28周岁及以下、29−35周岁、36−40周岁三个年龄段的青年职工数量基本相同，均在3100名左右。在这三个年龄段的青年职工中，男女比例分别为3:1、4:1、5:1（见图2−1）。

图2−1　年龄和性别分布

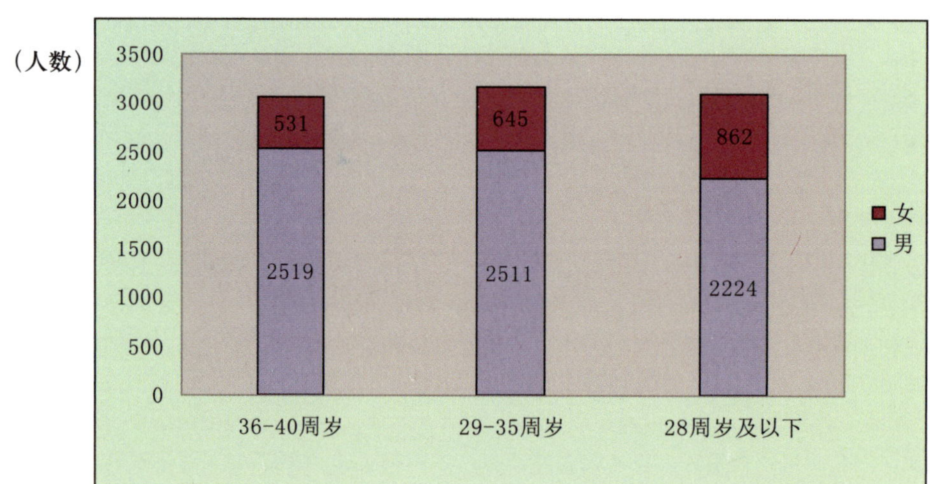

（二）政治面貌分布

党员5466名、共青团员1658名，合计占青年职工总数的76.66%（见图2-2）。

图2-2　政治面貌分布

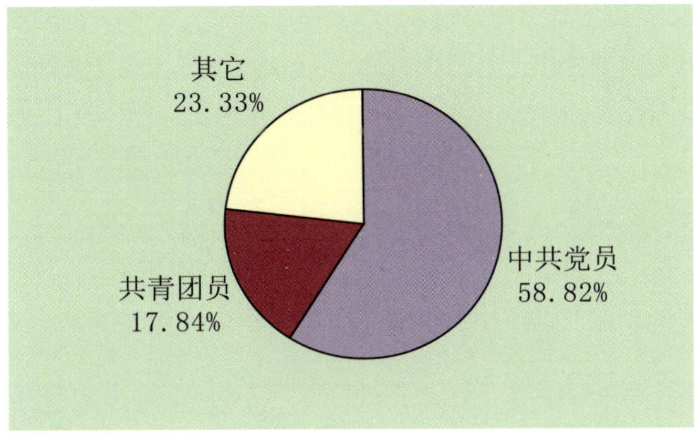

（三）文化程度分布

博士研究生17名、硕士研究生（含硕士学位）1525名、本科文化程度的6511名、专科文化程度的1112名、专科以下127名，本科及以上文化程度的占青年职工总数的86.67%（见图2-3）。

图2-3　文化程度分布

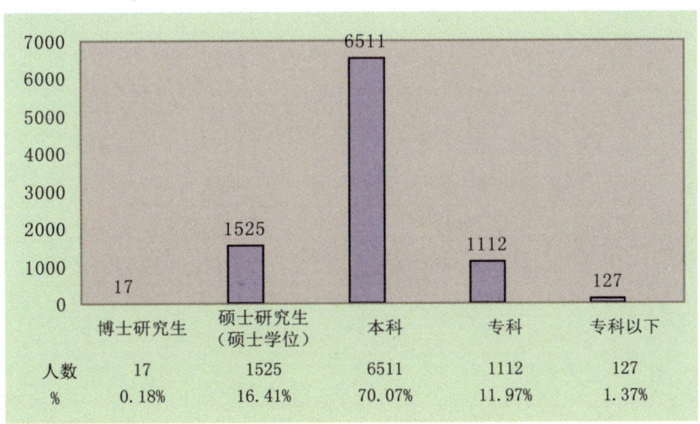

	博士研究生	硕士研究生（硕士学位）	本科	专科	专科以下
人数	17	1525	6511	1112	127
%	0.18%	16.41%	70.07%	11.97%	1.37%

（四）职级分布

处级干部209名、科级干部2005名、科级以下7078名（见图2-4）。

图2-4　职级分布

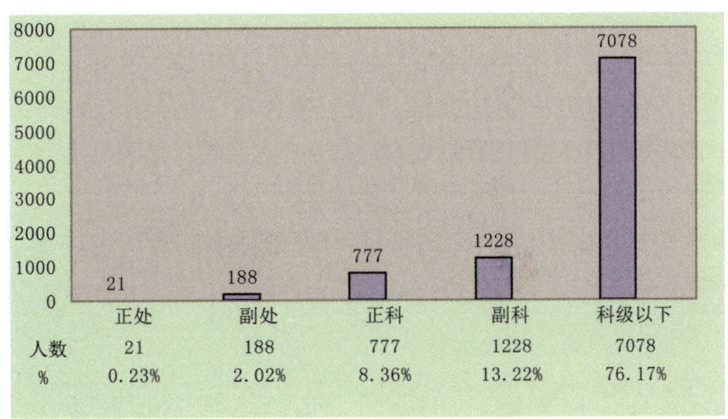

	正处	副处	正科	副科	科级以下
人数	21	188	777	1228	7078
%	0.23%	2.02%	8.36%	13.22%	76.17%

（五）专业技术职务资格分布

青年职工中，21名具有正高级专业技术职务资格、660名具有副高级专业技术职务资格、2293名具有中级专业技术职务资格（见图2-5）。

图2-5 专业技术职务资格分布

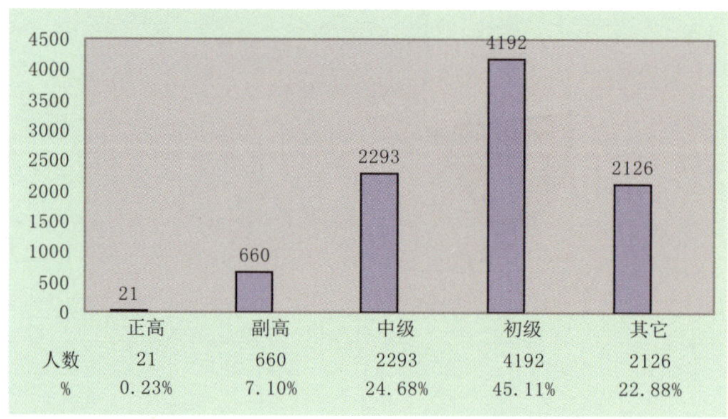

（六）所在单位层级分布

青年职工中，802名在直属海事局机关工作、665名在副局级港口局机关工作，7825名在各直属海事局其他下属机构工作（见图2-6）。

图2-6 所在单位层级分布

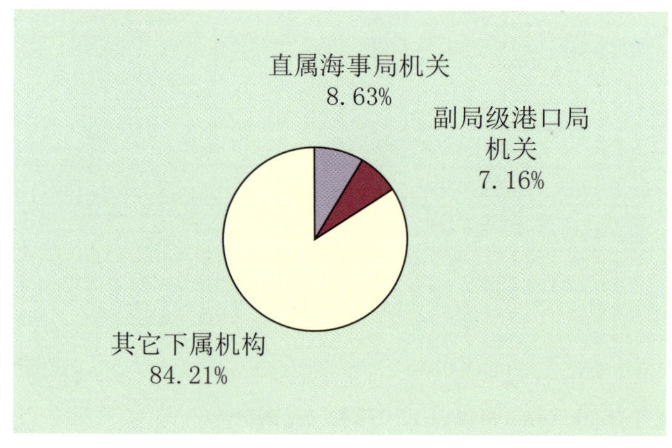

二、结构分析

从数量和分布来看，青年队伍具有“两高两多”的特点：青年职工占比高，目前已经超过四成，部分直属海事局青年职工比例已接近和超过50%；文化程度较高，青年职工中87.12%具有本科及以上学历；党团员人数多，青年职工中党团员数量占总数的79%；在基层单位工作的青年多，91%在直属海事局下属基层单位工作。

同时，目前40周岁及以下的处级干部209名，占直属海事系统处级干部的11.38%，距离海事事业发展对干部队伍年龄结构的要求，还有较大差距。

第三章 青年面临的问题困难调查及情况分析

本项调查通过各直属海事局反馈的书面材料，掌握了目前青年职工在工作和生活中遇到的普遍性问题和困难。

一、调查结果

目前青年职工在学习工作生活中遇到的普遍性问题和困难主要是四个方面。

（一）学习培训

很多单位反映部分青年职工学习培训机会较少、时间不足，工作经历不够丰富。有的单位反映教育培训针对性不强。有的单位反映对青年培养措施和青年表现平台不多。

（二）工作压力

很多单位反映参加工作时间不长的职工尤其是非海事专业的青年同志，对海事工作认知和把握不够，不能很快适应海事工作，普遍感觉工作压力较大。有的单位反映有些青年个人发展前景不明确。

（三）生活压力

多数单位反映青年职工特别是新进人员普遍面临着较大的生活压力，压力来源主要是住房、收入、婚恋、赡养老人等。个别单位反映对外省职工探亲管理不够人性化。个别单位反映组织对青年职工生活关心不够。

（四）社会交往

多数单位反映目前的青年职工来自于五湖四海，很多远离亲人朋友，主要交际范围为“现在的同事”和“以前的同学”，难以融入当地生活，生活圈、交际圈较小。有的单位还反映随着现代科技发展，青年交往更加“间接化”，沟通减少，人情淡漠，甚至出现了人际交往障碍。有的单位反映青年职工与老同志在沟通、合作上存在问题。有的单位反映部分青年职工特别是地处偏远、交通不便地区的青年业余生活枯燥乏味。

二、情况分析

由于部分青年同志社会阅历、海事工作经验不够丰富，他们对海事工作的认识和理解还有待进一步加深，有些青年同志思维方式和思想方法还不够成熟，意志品质还有待进一步锤炼。此外，青年处于物质文化需求多、人生发展变化大的阶段，特别是海事机构点多、线长、面广，地区差异较大，对如何更好地满足和引导青年多样化的需求提出了更高的要求，需要在青年工作中着力关注和解决。

第四章 青年思想状况调查及特征分析

本项调查主要通过问卷法和座谈法了解青年职工对有关事项的看法和评价、单位和领导干部对青年职工思想和行为表现总体特点的评价，比较全面且多角度地了解了直属海事系统青年群体的总体思想状况及特征。

一、调查结果

（一）青年职工对从事海事工作的总体满意度

在问卷调查中，青年职工表示“很满意”或“基本满意”的超过七成，达73.85%，其中“基本满意”的占54.75%，“很满意”的占19.1%。不同层级单位青年职工的态度存在较大差异。比较而言，副局级港口局机关工作的青年职工选择“很满意”的比例明显高于在基层单位和直属局机关工作的青年职工（见图4–1）。

图4–1　青年职工对从事海事工作的总体满意度

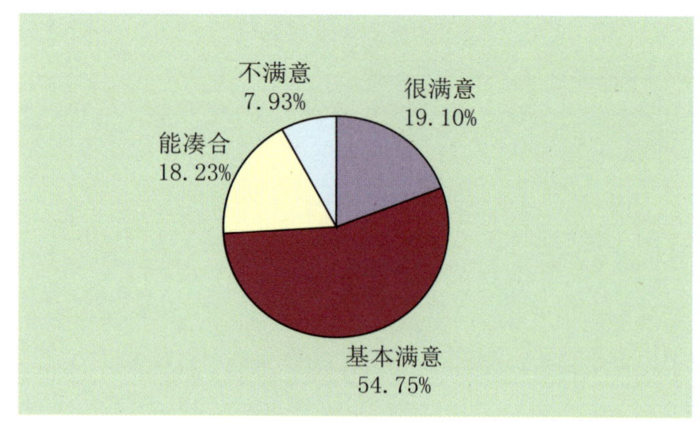

（二）青年职工对个人在海事系统发展前景的认识

在问卷调查中，表示“比较乐观”的青年职工比例接近六成，占56.03%，持“观望态度”的占36.66%，表示“较为悲观”的占7.31%。不同类别青年群体对个人在海事系统发展前景的认识存在较大差异，从数据来看，存在年龄越大、到海事工作时间越长、职级越高、单位层级越高的青年群体选择“比较乐观”的比例越高的现象（见图4–2）。

图4–2 青年职工对个人在海事系统发展前景的认识

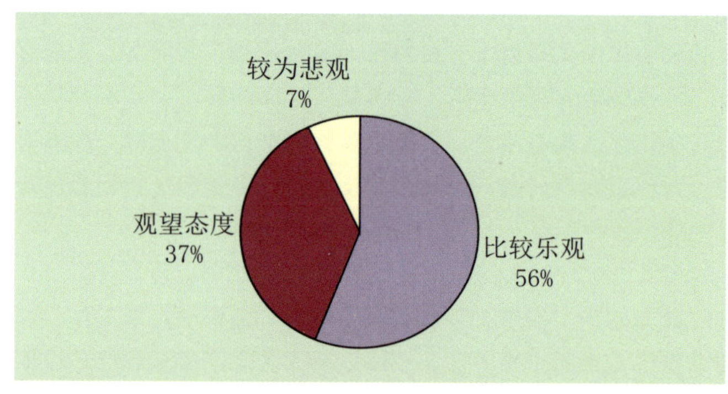

（三）青年职工对自身工作表现的评价

在问卷调查中，按照选择“很好”的青年职工占参与调查青年职工总数比例由高到低，依次为工作态度、社会责任感、团队精神、与单位融合度、综合素质、工作能力。其中，认为工作态度、社会责任感“很好”的比例均超过50%，认为综合素质、工作能力很好的比例均低于30%。总体看，不同类别青年群体的评价基本一致，认为自身各方面表现“很好”和“好”的合计均占88%以上。比较而言，存在年龄越大、到海事工作时间越长的青年职工对自身工作表现评价“很好”的比例越高的现象（见图4–3）。

图4–3 青年职工对自身工作表现的评价

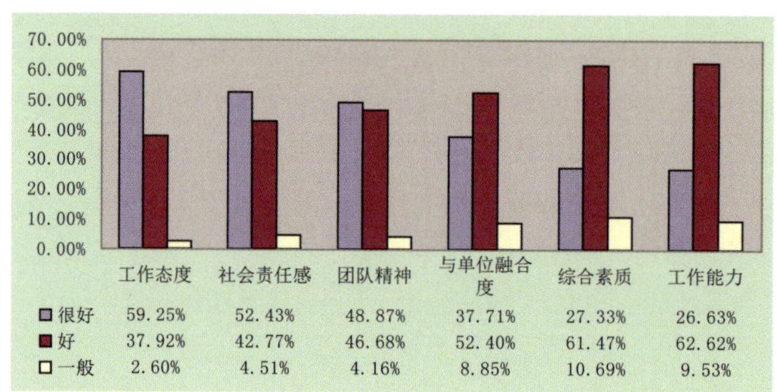

	工作态度	社会责任感	团队精神	与单位融合度	综合素质	工作能力
很好	59.25%	52.43%	48.87%	37.71%	27.33%	26.63%
好	37.92%	42.77%	46.68%	52.40%	61.47%	62.62%
一般	2.60%	4.51%	4.16%	8.85%	10.69%	9.53%

（四）青年职工对有关事项关心和关注的程度

在问卷调查中，按照选择“很关心”的青年职工占参与调查青年职工的比例由高到低，依次为单位事业发展、单位和团队氛围、工资待遇、住房问题、表现和锻炼的机遇、婚姻家庭、教育培训、表扬奖励、升职晋级。其中：单位事业发展、单位和团队氛围超过70%，工资待遇、住房问题、表现和锻炼的机遇、婚姻家庭在60–70%之间，表扬奖励、升职晋级不到50%。不同类别青年群体态度大致相同，但对个别事项的关心程度也存在一定差异。比如对于住房问题、工资待遇问题，28岁以下的和到海事工作3年以下的两类青年群体，关心程度明显高于其他青年群体。对于表扬奖励、升职晋级等事项，年龄较小、职级较低的青年群体更为关心（见图4–4）。

图4–4 青年职工对有关事项关心和关注的程度

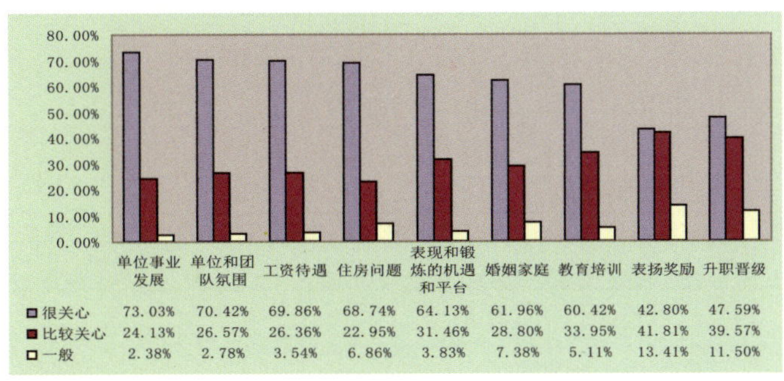

（五）青年职工认为体现自己人生价值的最佳方式

在问卷调查中，选择“在本职岗位上发挥才能，为单位和社会做出贡献”的超过三分之一、选择“得到周围人的认可和尊重”的超过四分之一，明显高于“有更高的收入和福利待遇”（14.22%）、“行政职务晋升”（13.63%），远高于“技术职称（职业资格）提升”（4.33%）、“工作上过得去、生活美满”（3.80%）、“获得组织的表扬和奖励”（3.04%）。不同类别青年群体的选择基本一致。比较而言，36–40岁、到海事工作10年以上、科级以上或在直属局机关工作的四类青年群体选择“得到周围人的认可和尊重”的比例更高，而科级以下或基层单位的青年职工选择“更高的收入和福利待遇”的比例更高（见图4–5）。

图4–5 青年职工认为体现自己人生价值的最佳方式

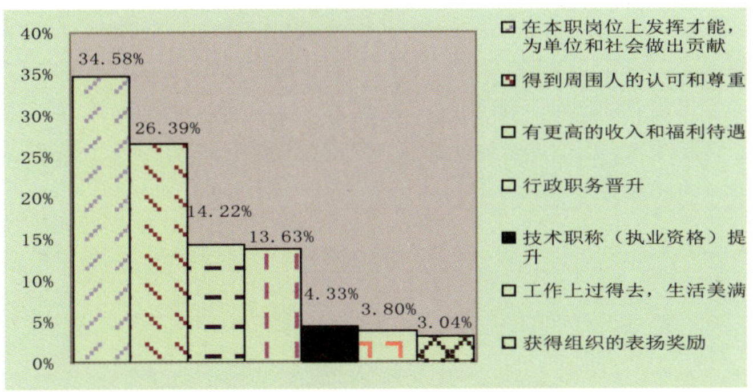

（六）青年职工对个人工作能力发挥程度的认识

在问卷调查中，近六成青年职工明确表示工作能力得到充分发挥， 41.44%表示“否”的青年职工中，认为 “缺乏合适的机遇、平台”、“不能得到及时有效的认可、激励”、“工作岗位不适合自己”的分别占22.05%、15.34%和4.06%。不同青年群体的认识存在较大差异，总体来看，存在年龄较小、到海事时间较短、职级较低的青年职工选择“是”的比例也较低的现象（见图4–6）。

图4-6　青年职工对个人工作能力发挥程度的认识

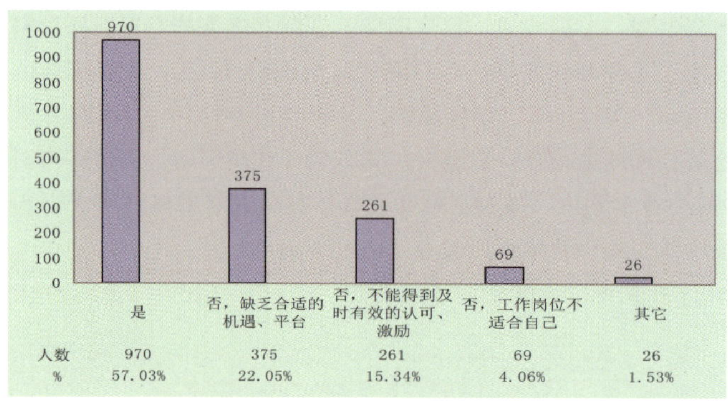

（七）青年职工对自身成才的期望

在问卷调查中，超过九成青年职工对自身成才有明确的方向，53.57%的青年职工期望成为通才，41.6%的期望成为专才，4.82%的“目前还没有明确具体方向”。不同类别青年群体态度基本一致（见图4-7）。

图4-7　青年职工对自身成才的期望

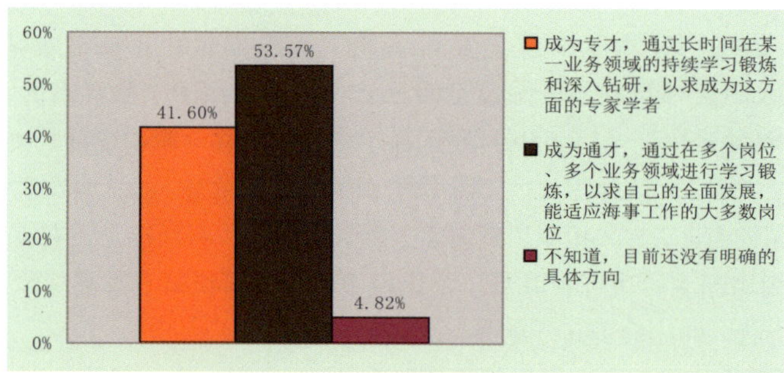

（八）领导干部对青年职工群体思想和行为表现的总体评价

在问卷调查中，20.30%的领导干部表示“很满意”， 74.24% 的认为“总体满意，但对部分青年职工不太满意”。不同年龄和不同职务类别领导干部的评价基本一致（见图4-8）。

图4-8　领导干部对青年职工群体的总体评价

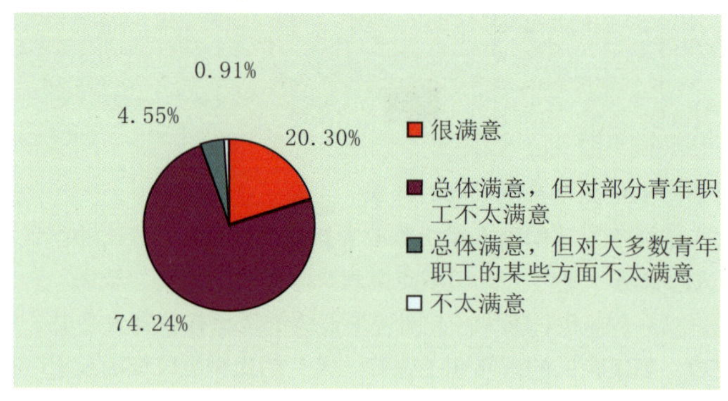

（九）领导干部认为青年群体需要进一步改进或加以引导的方面

在问卷调查中，领导干部认为青年群体最需要进一步改进或加以引导的三个方面依次是“综合素质”、“工作态度”和“社会责任感”，选择这三项的比例分别为34.06%、25.94%和17.81%，合计接近八成（77.81%）。不同年龄和不同职务类别领导干部在部分选择上存在很大差异。存在50岁以下领导干部认为应该进一步提高青年的“综合素质”的比例较高，而40岁以下领导干部认为应该改善青年的“工作态度”的比例更高的现象（见图4−9）。

图4−9　领导干部认为青年群体需要进一步改进或加以引导的方面

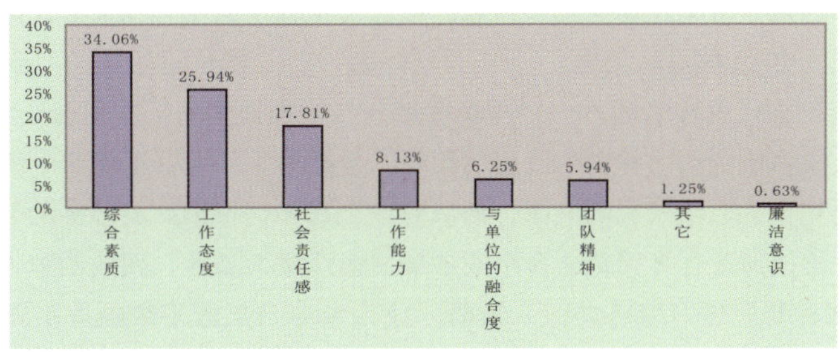

（十）领导干部认为青年职工对有关事项的诉求程度。

在问卷调查中，领导干部认为青年职工诉求程度最高的分别为“表现和锻炼的机遇和平台”、“住房问题”、“工资待遇”、“升职晋级”、“教育培训”、“婚姻家庭”，选择程度等级最高项的比例分别为58.79%、57.32%、52.29%、45.59%、27.41%、25.96%（见图4−10）。

图4−10　领导干部认为青年职工对有关事项的诉求程度

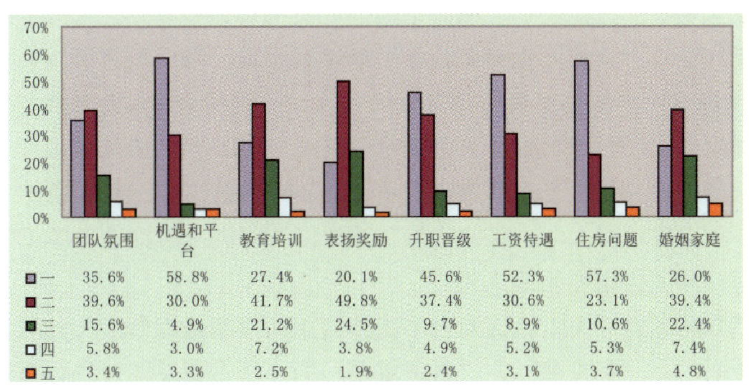

	团队氛围	机遇和平台	教育培训	表扬奖励	升职晋级	工资待遇	住房问题	婚姻家庭
一	35.6%	58.8%	27.4%	20.1%	45.6%	52.3%	57.3%	26.0%
二	39.6%	30.0%	41.7%	49.8%	37.4%	30.6%	23.1%	39.4%
三	15.6%	4.9%	21.2%	24.5%	9.7%	8.9%	10.6%	22.4%
四	5.8%	3.0%	7.2%	3.8%	4.9%	5.2%	5.3%	7.4%
五	3.4%	3.3%	2.5%	1.9%	2.4%	3.1%	3.7%	4.8%

注：“一”到“五”表示程度等级，“一”程度最高，“五”程度最低。

二、特征分析

综合问卷调查结果，从总体上看，青年职工在思想和行为方面主要有以下五个方面的特征。

（一）对自身评价比较高，体现了青年的自信，但对岗位工作、事业发展对自身要求的认识不够充分。85%以上的青年职工对自身“廉洁意识”、“工作态度”、“社会责任感”、“综合素质”等方面评价很高，而领导干部则认为青年职工“综合素质”、“工作态度”和“社会责任感”最需要进一步改进或加以引导。这种反差说明青年职工对岗位工作、事业发展对自身的要求认识不够，对自我的高评价还不是完全建立在适应岗位工作、事业发展的要求上，与领导干部的期望相比还有一定差距。

（二）对事业以及自身发展的追求比较迫切，在绝大多数青年身上体现了正确的价值取向。在体现人生价值的选择上，选择了“在岗位发挥作用、为单位和社会作贡献”和“获得周围人的尊重和认可”的青年数量，大幅超过选择福利待遇、升职晋级方面选项的青年数量。

（三）对个人在海事的职业发展多数青年有较高的评价和预期，但也有部分青年评价和预期不高。对从事海事工作的总体满意度高、对个人在海事的发展前景比较乐观、认为个人在岗位作用的发挥程度高的比例较高，达到了六七成左右；但仍有三四成的青年在这三个方面评价不高，而且存在越往基层和年龄越低的满意度不高的青年比例越大的现象。

（四）对个人成长发展方面的若干重要因素中，在高度关心关注“单位事业发展”、“单位和团队的氛围”的同时，也非常关注切身利益问题。按照青年职工表示“很关心”的比例排序，依次为“单位事业发展”、“单位和团队氛围”、“工资待遇”、“住房问题”、“表现和锻炼的机遇和平台”、“婚姻家庭”、“教育培训”、“升职晋级”、“表扬奖励”，均在40%以上。半数青年对“希望通过单位解决或由单位帮助解决的最迫切问题”选择的是“改善工作和生活条件”。

（五）在涉及促进个人职业发展的方面，对教育培训和多岗位锻炼有较高的要求和广泛的需求。超过半数青年同志，希望通过在多岗位、多个业务领域锻炼成为通才，四成的青年同志，希望通过长时间在某一业务领域的持续学习锻炼和深入钻研，成为专才。接近半数的青年同志认为目前的轮岗工作还不尽合理（36.3%的认为流动偏少，13%认为流动过快）。三分之二的同志认为教育培训力度大，但同时近七成的同志认为教育培训效果一般或较差。

上述问卷调查中反映的青年群体的思想特征，与各单位书面反馈的材料和座谈会中了解的情况基本一致。

第五章 青年工作情况调查及分析

随着青年职工数量增长和占比增加，部海事局高度重视加强和改进直属海事系统青年工作。近年来的直属海事系统工作会议上，都对青年工作作了部署和要求，制定出台了《关于加强和改进青年工作的意见》，成立了由党政主要领导牵头的部海事局青年工作委员会，积极探索完善工作格局，在青年干部和拔尖人才培训培养、先进典型培树、搭建青年展示才华的平台等方面采取了一系列积极措施。

本项调查通过问卷法和座谈法了解各直属海事局近年来开展青年工作的总体情况、目前存在的主要问题和困难，多个层面群体对青年工作的认识和评价以及对进一步推进青年工作的意见建议。

一、领导干部对青年工作重要性的认识

参与问卷调查的领导干部中89.5%认为青年工作对于海事事业发展“很重要”、10.5%认为“重要”，没有认为“一般”、“不重要”、“很不重要”的。从书面反馈材料和座谈反映情况来看，各级领导干部特别是各级领导班子成员对青年工作都比较重视。如有的领导干部谈及对青年工作重要性的认识时，讲到“青年是一个单位希望和未来”，“青年是事业的继承者和发展者”，“青年是重要的团体，是事业的未来，是发展的中坚”，“青年工作是海事发展基础工作，关心关注青年工作事关海事的未来”。

二、青年对本单位对青年工作重视程度的评价

参与问卷调查的青年职工中，43.5%认为本单位“很重视”青年工作，50.9%认为本单位“重视”青年工作，5.6%认为本单位“不重视”青年工作。参与问卷调查的领导干部中，53.8%认为本单位“很重视”青年工作，41.1%认为本单位“重视”青年工作，5.1%认为本单位对青年工作的重视程度“一般”，没有认为“不重视”、“很不重视”的。

三、各单位开展青年工作的基本情况及青年职工的评价

根据各单位书面反馈材料，有的单位通过建立健全青年工作的领导机制、工作机制和组织体系，进一步加强了对青年工作的组织领导，有的单位还专门召开青年工作会议。有的单位坚持“党建带团建”，加强了团组织和团干部队伍建设。有的单位在提高青年综合素质、加强青年人才队伍建设、调动和发挥青年作用等方面，特别是在增强新录用人员初任培训的系统性和针对性，增进与青年的沟通交流，引导青年加强道德修养和作风养成，为青年建功立业、施展才华创新载体、搭建平台，培养选拔青年人才和培树青年典型，丰富青年文化生活，关心解决青年的实际困难和合理诉求等方面，采取了具体举措。

参与问卷调查的青年职工中，30.2%认为本单位青年工作“成效显著”、57.4%认为“较有成效”、12.4%认为“没有成效”。

四、团组织在青年工作中所做的工作及青年职工的评价

根据各单位书面反馈材料，各级团组织作为青年组织，在青年工作中努力发挥联系青年的桥梁和纽带作用，做了大量积极有效的工作。有的团组织推动青年与单位的沟通交流，引导青年为单位建言献策，协助党政加强对青年的思想引导和解决青年实际困难。有的团组织组织突击队、志愿服务队，调动发挥青年的作用。有的团组织通过组织学习小组、专题讲座、开展读书活动等帮助青年学习提高。有的团组织开展了竞赛活动和文体活动，积极为青年搭建施展才华的平台，丰富青年文化生活。

参与问卷调查的青年职工中，55.61%认为本单位团组织工作“好”，25.97%认为“一般，团组织工作比较积极，但有时脱离青年实际”，14.7%认为“一般，团组织工作还不够积极”，3.72%认为“差，感受不到团组织的作用”。

五、组织与青年职工沟通交流情况和不同群体的偏好方式

根据各单位书面反馈材料，目前各单位与青年沟通交流的主要方式包括：问卷调查、座谈、个别谈话，很多单位还积极利用网络平台加强与青年的沟通交流，开设了网络论坛、博客和青年工作专栏等。

在参与问卷调查的青年职工中，超过六成认为本单位能够经常系统性了解青年群体的有关意见建议（1年1次及以上），27.26%认为“青年群体与组织的沟通”“很畅通”、61.34%认为“基本畅通”。

在组织与青年沟通交流最佳途径的选择方面，按照选择比例由高到低，青年职工的选择依次为：“内网论坛”（38.51%）、“单位召开的座谈会”（27.89%）、“组织与青年个别谈心”（17.79%）、“问卷调查”（13.59%）。2.22%选择“其他”的青年职工中，多数注明希望通过匿名的方式向组织反映想法和意见。领导干部的选择依次为：“个别谈话”（37.50%）、“内网论坛”（23.75%）、“集体座谈”（18.44%）、书面调查（12.5%）。7.81%选择“其它”的领导干部中，多数注明多参加青年活动、与青年打成一片、在日常工作生活中多观察等方式。

在“影响青年群体与组织沟通是否畅通的主要因素”的选择方面，按照选择比例由高到低，青年职工的选择依次为：“青年群体的意见是否得到充分听取、采纳”（31.88%）、“青年群体是否存在思想包袱，担心给组织留下不好印象”（26.17%），“沟通机制是否健全”（21.45%）、选择“青年群体提出的问题是否得到及时反馈”（19.87%）。0.64%选择“其他”的青年职工中，多数认为是综合以上两种或几种因素，也有部分认为是团组织活动不够。

六、各单位反映的在开展青年工作中遇到的主要问题和困难

在书面调研反馈材料和座谈中，各单位反映青年工作中的主要问题和困难：一是青年思想、需求多样化，对青年工作提出了更多的挑战。二是基层单位青年工作开展不平衡，有些单位干部职工对待

青年工作的想法不尽一致，青年工作的氛围不浓，青年工作平台还不多，支持力度不够。三是很多单位对青年人才培养的计划性针对性不强，缺乏系统完善的计划和完善的评价激励、选拔任用机制，对青年人才资源开发和经费投入还需加强。四是共青团的工作方式方法创新不够，对青年职工的吸引力不够。五是青年活动的时间、经费、场地的保障机制还不健全。六是很多单位缺乏专职的青年工作干部，没有明确青年工作干部的岗位和职数，而且团干部基本都是兼职，一定程度上影响了青年工作的开展。

七、有关方面对进一步加强青年工作的意见建议

（一）各直属海事局书面反馈的意见建议

各直属海事局在书面反馈材料中提出的具体意见建议主要包括五个方面：一是加强对青年工作的领导。高度重视青年工作，可以考虑由主要领导分管，并把青年工作成效作为目标管理的一项内容。把青年工作列入重要议事日程，纳入党建工作总体布局。定期听取青年工作汇报，研究解决工作中的困难和问题。明确党建带团建的工作机制，为青年工作营造良好的环境。加大青年工作的保障力度，落实青年工作专项活动经费，为青年工作提供必要的物质保障。二是加强青年人才培养。采取分类别分层次培养的模式，提高培养的针对性和有效性。对优秀青年领导干部的选拔要形成长效机制，加大青年干部的使用力度，特别优秀的青年干部应破格提拔使用，以此树立正确导向，引导青年干部更快成才。大力推行青年人才计划，争取在“十二五”期间培养出一批不同层次的青年骨干。三是重视加强对青年职工的思想教育和引导。关心青年同志的困难，不能回避实际存在的问题，能想办法帮助解决的问题要想方设法解决，不能解决的要积极引导，要及时疏通青年同志的思想上的症结。四是加强团组织和青年工作者队伍建设。发挥团组织作用，开展区域性青年文化活动，进一步加强与行业外单位团组织的联系，搭建团员青年交流沟通平台。进一步加强青年工作者队伍建设，增进各单位青年工作者之间的交流沟通，共同提高青年工作水平。建议出台具体落实团干部政治待遇的指导性文件。加强对优秀青年以及优秀青年工作者的评比表彰。五是制定的直属海事系统青年工作规划要突出阶段性，加强对规划落实的监督和成效检验，确保各项政策得到有效落实。

（二）领导干部在问卷调查中的提出的意见建议

领导干部对做好青年工作的首要任务的选择，按照各选项比例由高到低排序依次为：“加强对青年工作的组织领导，健全青年工作机构和机制”（26.91%）；“关心青年职工生活，增强青年归属感和凝聚力”（24.16%）；“加强青年人才培养，满足事业发展需要”（22.02%）；“适应青年思想观念变化的新形势，增强思想政治工作的有效性”（19.88%）；“加强团组织建设，提高团干部工作能力，发挥团组织的作用”（6.12%）。

领导干部在问卷调查中对进一步加强直属海事系统青年工作的具体意见建议有五个方面：一是健全青年工作机制，加强对青年工作的组织领导、健全机构和机制；在政策上突破创新，建立健全对直属海事系统开展青年工作的目标考核机制，充分发挥党团组织作用，健全青年工作机构和机制，加强对青年工作的组织领导。二是关心青年生活，增强归属感和凝聚力，开展适合青年特点的丰富多彩的青年活动；有的领导干部提出，要在正常允许的情况下，最大限度关心青年职工生活和待遇问题，解决他们的难题。三是加强青年教育培训和人才培养，加强青年干部的培训、教育和选拔、任用，形成定期的竞争上岗机制，推进干部能上、能下机制，创造更多适合青年人成长的平台，宽容失败，给青年人才成长营造宽松环境。希望上级出台更多的促进青年成长成才的规章制度，加大培训力度，为青年人才成长提供更好的平台，更好的开展各类竞赛和活动，促进青年人才脱颖而出。四是加强青年思想教育和引导，用富有时代特征理念和形式多样的方法，畅通渠道，营造宽松沟通交流环境，及时掌握青年思想动态，进行有针对性地引导。五是加强团组织建设，支持团组织按照章程自主开展工作，保证其必要的活动经费，提高团干部政治待遇。

有的领导干部还提出，“十年树木，百年树人”，青年工作要“锲而不舍，终成正果”，“需持之以恒关心青年的培养工作”。有的领导干部提出，“抓青年工作，必须审视和加强自身作风建设，以德服人，风正一帆顺。”“要敢于直面问题，不回避，不漠视，抓别人的同时抓好自身，要有耐心、恒心、专心、热心的工作态度，视问题、视性格的不同方式方法手段灵活解剖，要有对抓青年工作的思想疏导艺术和持之以恒的长期工作思想准备。”

（三）青年职工在问卷调查中提出的意见建议

青年职工对做好青年工作的首要任务的选择，按照各选项青年职工的分布比例排序依次为：“关心青年职工生活，增强青年归属感和凝聚力”（38.34%）；“加强青年人才培养，满足事业发展需要”（24.48%）；“加强对青年工作的组织领导，健全青年工作机构和机制”（15.85%）；“适应青年思想观念变化的新形势，增强思想政治工作的有效性”（10.20%）；“加强团组织建设，提高团干部工作能力，发挥团组织的作用”（9.85%）。

青年职工在问卷调查中对进一步加强直属海事系统青年工作的具体意见建议有五个方面：一是关心青年思想动态。给青年更自由的言论空间。畅通沟通渠道，营造宽松沟通交流环境。增强青年思想政治工作的有效性。二是加强青年培训培养。做好青年职业生涯规划和引导工作。提高培训的针对性，系统地开展青年培训工作。加强青年人才培养和引进，加强青年干部实践锻炼和轮岗交流。创造更多成长平台，促进青年干部职工个人价值的实现。三是健全青年工作机制。加强对青年工作的领导，设立专门机构负责青年工作，实行一把手负责制。进一步完善青年工作的制度和规范，健全青年工作考核激励机制。四是希望单位帮助解决的困难和问题。关注青年职工住房和生活方面存在的问题，落实举措。在离事归政改革中，充分考虑部分青年群体的利益和诉求。进一步提高工资待遇，加强社会聘用人员待遇方面的提升。针对青年需求多开展有意义的活动，增加系统内的青年交流。五是加强团组织建设，发挥团组织作用。

（四）干部职工在座谈会上提出的意见建议

干部职工在座谈会上提出的对进一步加强直属海事系统青年工作的具体意见建议主要有五个方面：一是进一步加强对青年工作的组织领导。成立专门的青年工作机构，并在核编时要考虑设立专职青年工作干部，明确青年工作干部的职数、级别。二是加强人才培养，拓展青年成才路径。关注普通青年职工的成长成才。给青年职工多压担子，通过多种不同途径调动青年积极性。加强入行培训和业务培训，根据不同层次特点实行分段分类培养，突出青年尖端人才的培养。三是加强青年思想引导。根据青年职工思想特点开展工作，多跟年轻人沟通交流，与青年交朋友，取得青年信任，让青年通过正常渠道了解信息，用主流渠道占领青年思想阵地。注意通过论坛、微博等途径了解青年，做好沟通交流。四是加强青年工作制度和物质上的保障力度，切实帮助青年解决工作生活中的实际困难和问题，要多开展适合青年职工特点的活动，丰富青年职工文化生活。五是注意发挥团组织的作用，加强团组织建设。

八、青年工作总体分析

从上述情况来看，目前的直属海事系统青年工作具有以下六个方面的主要特征。

（一）各单位对青年的重视程度和对加强青年工作重要性、紧迫性的认识高度一致，但从青年需求和工作中反映出来的突出问题来看，对新形势下海事青年工作的定位、内涵和任务尚需进一步明确。

（二）各单位采取了各有特色的措施和做法，取得值得充分肯定的积极成效；但与事业发展和青年发展的需求相比，整体上存在发展不平衡的现象，工作的系统性、针对性、有效性还有待进一步增强。

（三）部分单位建立了相应的工作机构，但上下左右不统一，合力尚未形成，整体工作格局和工作机制尚需进一步完善。

（四）做好新形势下当代青年思想政治工作，在现实条件下努力解决好青年物质文化需要，是各单位共同面临的难点。

（五）领导干部和青年职工对加强青年工作的任务重点的认识总体上一致。主要体现在：加强思想教育和沟通交流，引导青年树立正确的价值取向和行为导向；增强教育培训的系统性、针对性和多岗位锻炼；提供平台和舞台，加强实践锻炼；重视青年工作生活条件的改善以及工资福利待遇提高的需求；从事业发展和工作需求，以及青年对自身评价认知和领导干部对青年群体的综合评价来看，提高青年综合素质、锤炼青年思想作风等方面的工作也需要着力加强。

（六）目前青年职工对团组织活动开展总体上认可，但对其作用和工作成效的认可度尚需提高。团组织在当前形势下青年工作中的职能和作用有一定的局限性，但团组织作为青年组织具有其独特的组织优势和工作优势。在系统671名团干部中，仅有6名专职团干部。专职团干部过少，客观上影响了工作的力度和效果。团组织在海事青年工作的全局中，应进一步找准工作定位，进一步明确工作的重点、切入点，进一步创新工作方式方法，进一步强化联系青年的桥梁纽带作用及其职能作用的发挥。

第六章 调查结论和有关建议

综合以上调查结果及相关分析，提出以下意见建议。

一、从事业后继有人薪火相传的角度重视当前的青年群体

青年群体已经成为海事队伍中全面履职、推进发展的一支非常重要的有生力量，是海事科学发展历史进程中一支值得信赖、必须依靠的重要力量。青年队伍的思想、素质、能力和作风，既影响着现在各项工作的质量，更决定着未来发展的水平。

他们具有当代青年的共性特征。人在青年时期容易接受新事物、新观念，创新意识和民主参与意识强，具有物质文化需求多、人生发展变化大的阶段性特征。当代青年思想活动的独立性、选择性、多变性、差异性日趋增强的时代性特征，都在海事青年身上有所体现。

他们也具有鲜明的海事青年的群体特征。普遍学历层次和文化素质水平比较高，视野比较宽；思维活跃，可塑性强；有抱负有理想，工作积极性高；尽快成长成才、实现自身价值愿望比较迫切。这些优势特点和工作热情，需要进一步保护好、引导好、使用好、发挥好。同时，与未来承担进一步提升海事发展品质的重担和履行好当前日益复杂的海事监管任务的要求相比，海事青年的思想素质、能力水平和工作作风还需要在学习实践中不断提高；从实现个体全面发展的愿望和诉求来看，他们在工作、学习和生活等诸多方面都还存在一定的思想困惑和现实困难，需要组织上高度重视，进一步采取针对性措施予以妥善解决。

二、从海事发展战略和全局的高度全面加强青年工作

（一）当前和今后一个时期，进一步统一系统上下的思想、提高干部职工认识，全面推进和加强直属海事系统青年工作是十分重要和迫切的任务。

（二）需要进一步加强对青年工作的顶层设计，明确工作格局和工作机制，出台青年工作的规划性文件以明确指导思想、基本原则、主要目标和任务措施。

（三）当前和今后一个时期，青年工作的重点要突出放在对青年的思想教育、培训培养、作风锤炼；为青年成长成才、施展才华搭建实践平台；妥善处理好青年在工作生活方面的利益诉求，树立青年成长成才的正确导向，营造系统上下关心帮助青年、重视支持青年工作的氛围和环境等方面。

（四）加强工作，要注意对青年群体身心特点和青年工作规律的把握，关注青年思想动态的变化，不断创新工作思路和方式方法，提高工作的针对性和有效性。

（五）青年工作是战略性、基础性、系统性、创新性都很强的一项工作，也是涉及到各个领域和各个方面的经常性工作，需要各单位党政领导班子齐抓共管，需要专门的青年工作机构加强统筹协调，需要各部门按照职能分工负责，需要团组织充分发挥党政联系青年的桥梁纽带作用，需要青年的广泛参与。在实施和推进上，需要强化检查和考核。

（六）按照“党建带团建”的工作要求，进一步加强团组织和团干部队伍建设。各级团组织要在海事青年工作的全局中，进一步找准工作定位，明确工作重点、切入点，发挥在“组织青年、引导青年、服务青年、维护青年合法权益”方面独特的组织优势和工作优势。不断创新工作的理念、方式和方法，强化联系青年的桥梁纽带作用及其职能作用的发挥，加强活动品牌建设，不断提高工作绩效。

交通运输部海事局青年工作委员会

二〇一一年六月

经验交流材料汇编

PART 5

國海事
CHINA MSA

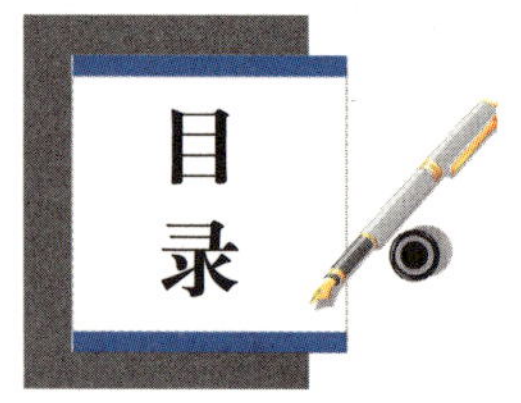

目录

培育一流青年　强盛海事未来

上海海事局

梁启超曾说：“故今日之责任，不在他人，而全在我少年。少年智则国智，少年富则国富，少年强则国强……”。毛主席也曾寄语青年：“世界是你们的，也是我们的，但是归根结底是你们的。你们青年人朝气蓬勃，正在兴旺时期，好像早晨八九点钟的太阳。希望寄托在你们身上。”青年，是海事明天之希望；青年强，则海事强。我局党组高度重视青年工作，始终把青年人才的选拔和培养、青年先进典型的培树工作作为一项重要的基础任务，与中心任务同部署、同落实、同检查、同考核，切实抓紧抓好。

一、坚持标准，完善机制，大力选拔优秀青年骨干，为上海海事科学发展夯实人才基础

我们感到，培养选拔优秀青年人才要以用为本，注重磨练，建立一套有利于青年人才脱颖而出的机制，大浪淘沙，好中择优。

（一）坚持文理兼修，重在立“德”。人才最基本属性是德才兼备，最突出的表现是拥有让人信服的品德。对青年人才的培养，既要重才，更要重德。我们坚持依托各级党校不断加强青年干部理论培训，突出修“德”，锤炼党性。凡是新提任的科级干部，在一年内都要经过党校的脱产培训；凡是新提任的处级干部，都要优先安排参加党校理论培训。我们建立了培训规划，人均年培训时间要达到80学时以上。为加强青年德育工作，我局还对新进大学生开展了军训。

（二）坚持实践磨练，突出蓄“能”。在实践中锻炼、培养和考验干部，是培养人才的一个基本途径。我们坚持做到：一是坚持多岗位培养锻炼青年干部。我们把交流任职作为实践锻炼的主要方式，打破岗位类别和地域等界限，安排优秀年轻干部在关键岗位上丰富阅历、提高能力、磨练意志。每年有针对性地开展机关与基层干部交流，对缺乏基层工作经历的年轻领导干部，有计划地安排到基层任职，选送优秀机关干部到基层单位挂职、担任助理。目前我局40岁以下处级干部23人，其中最年轻的主持工作的处级干部为34岁，副处级干部为33岁。二是明确树立重视基层的导向。基层一线是培养和锻炼干部的试验田。为形成干部人才从基层一线遴选的机制，我局明确提出：凡是通过公务员考试招录的大学生和社会招聘的船长轮机长都必须先到基层一线工作；局机关处级领导干部一般要具有两年以上基层领导工作经历，新提任的处、科级领导干部一般要具有两年以上海事基层工作经历。三是拓宽年轻干部实践锻炼的途径。我们在坚持以干部交流、交叉任职锻炼为主的基础上，综合运用好见习、助理、挂职、重大任务等锻炼方式，为优秀青年的成长搭建舞台。比如：2007年以来我们选拔了21名优秀年轻干部担任助理；去年在服务世博中，局党组选派了4名处级干部、8名科级干部到世博办事处任职，选派1名科级干部到上海世博会事务协调局任职。

（三）坚持深化改革，着力建“制”。深化干部人事制度改革，是建设高素质干部队伍，培养造就大批优秀人才的治本之策。一是不断完善竞争上岗机制。经验证明，以公开竞争上岗的方式选任干部，是促进优秀人才脱颖而出的有效方式。在实践中，我局积极探索建立具有上海海事特色的公开选拔干部机制。自2007年以来，局党组对新提任副处级干部和副科级干部一律实行竞争上岗，在全局推行了党支部书记公推直选。2007年以来，全局通过公开竞争上岗选拔了36名副处级干部和78名科级干部。今后，我局还将进一步加大公推直选干部力度，开展基层党组织书记、局工会副主席、团委书记

公推直选等。二是完善干部“能上能下”机制。干部“能上能下”是干部队伍自然更替的内在要求，目的是为了“事得其人、人尽其才”。加强干部队伍年轻化，还要在“能下”上下功夫。对于接近退居二线年龄、本人自愿提前退居二线的干部，我们允许其提前退出领导岗位，疏通青年干部人才“上”的渠道。三是完善后备干部培养选拔机制。我们坚持处理好后备干部管理与竞争上岗之间的关系，坚持严把入口关，定期调整处、科级后备干部库，同时又从教育培训、实践锻炼等多方面对后备干部加强关心培养，按照重点人才重点培养，优秀人才优先培养的思路，对重点培养对象在考察、进修、参加国际会议等予以优先考虑。

二、精心培育，齐抓共管，大力培树先进青年典型，为上海海事科学发展积聚内在后动

树立先进典型，注重发挥先进典型对群众的示范引导作用，这是思想政治工作的优良传统，也是行之有效的工作方法。近年来，我局党组坚持抓好先进典型的培、树、育工作，以榜样的力量来凝聚青年、鼓舞青年、塑造青年，积聚发展后劲。

（一）鼓励基层创造，广搭争先平台。培树青年先进典型，要有良好的载体和平台。局党组要求各单位加强统筹规划，党政工团齐抓共管，抓亮点树品牌，抓点促面，在重大任务中锻炼和塑造先进典型，在具体工作中挖掘和发现先进典型。近年来，无论是在学习科学发展观活动、党员世博先锋行动、创先争优活动中，还是在日常工作中，我局基层一线先进典型培、树、育工作氛围浓郁，“木兰”、“玉兰”、“海宝”、“青年执法先锋”等一批有特色、有影响的青年团队正在扎实开展建设，并取得了一定的成绩；在去年服务世博中，有的单位还组织青年党员成立了“志愿服务队”和“党员先锋队”，发扬“连续作战、不怕疲劳”的优良作风，利用休息时间投入到世博水上安保工作中，海事服务世博，世博成就青年！

（二）典型示范引领，树立学习标杆。先进典型是最生动、最具体、最有说服力的教材，也是最鲜明的一种导向。局党组十分重视青年思想政治工作，既从思想教育、实践锻炼、严格管理等环节加强对青年人的教育，又为青年人确立学习的标杆，引导他们先学会做人后学会做事，立志成大事而不是当大官。我们广泛开展了向“80后”全国先进工作者陈维同志学习活动，鼓励青年人立足岗位、勤奋进取、敬业奉献、主动成才。外高桥海事处还专门设立了“陈维工作室”，以此来影响、教育和带动青年，让青年近距离学习先进、争当先进。有的基层党组织因地制宜地开展“每月一星”、“闪光员工”、“岗位排行榜”等创争活动，由广大干部职工民主推选心目中的先进典型，使得先进典型培树工作既成为推进单位民主的又一抓手，又使得职工群众能够耳濡目染地学习身边人、身边事。

（三）海事文化熏陶，环境塑造英才。青年先进典型的成长，固然与个人的不懈追求与奋斗密不可分，但是，更离不开组织创造一个有利于先进典型孕育和发展的土壤。这些年，一方面我局大力开展海事文化建设，积极倡导以“忠信廉直、尚法弘德、同舟共济、不辱使命”为表述形式的上海海事核心价值观，弘扬正气，崇尚先进，形成比学习、比工作、比奉献和学先进、赶先进、当先进的浓厚氛围，激发广大青年干事创业的热情和动力，让先进典型有“市场”；另一方面，我们注重从工作实践中总结先进事迹，注重从群众口碑中选树优秀典型，积极捕捉和宣传普通人身上的“不平凡”，让“先”和“优”成为看得见的身边人和事。这几年，我局各有一名青年获得全国先进工作者和“五一劳动奖章”称号；在世博会期间，全局涌现了一批忠于职守、默默奉献的青年先进，得到了各级组织的嘉奖和记功表彰；有多家青年集体和个人获得“全国青年文明号”、“青年岗位能手”等荣誉称号，吴泾海事处“青年执法先锋”班组长被评为上海市杰出青年岗位能手。

青年工作是我党的重要工作，青年人才的选拔和培养、青年先进典型的培树工作是一项永无止境的战略任务。只有不断解放思想，转变观念，把握规律，实践创新，才能源源不断地培养造就大批年轻有为的可造之材，为海事事业的科学发展提供坚强有力的组织保证和人才支持。

科学引领　强化服务　追求卓越
努力开创天津海事青年工作新局面

天津海事局

近年来，天津海事局青年工作坚持以科学发展观为统领，以部局《关于加强和改进青年工作的意见》为指针，按照“四型海事”建设的要求，围绕新时期天津海事发展的总体目标，立足当前、着眼长远，坚持科学规划、创新机制、丰富载体、加大培养，积极探索青年成长成才的新途径，着力搭建青年成长成才的新平台，形成了融入中心、服务发展、成就个人的良好局面。现将工作情况汇报如下：

一、青年队伍情况介绍

目前，我局共有基层团组织22个，其中5个团委，17个团支部。35岁以下青年459人，其中党员296人、团员115人，团干部79人，本科学历319人，研究生学历118人。

二、青年工作的主要做法

近年来，我局认真贯彻落实部局党组和天津团市委关于青年工作的部署和要求，以推动海事发展为目的，以建功育人为重心，以服务青年为主线，注重“五个坚持”、实施“四个行动”、坚持“三个创新”、把握“两个环节”，突出“一个中心”，努力推动了青年工作上水平。

（一）注重“五个坚持”，强化青年思想政治教育，努力提高青年整体素质

一是坚持以科学理论武装青年。准确把握新形势下青年思想政治和精神追求的主导方向，坚持用党的最新理论教育引导青年，充分利用培训班、座谈会及征文、知识竞赛、演讲比赛等形式广泛开展教育培训，并积极选送青年干部到各级党校进修学习，帮助青年坚定政治信念，树立正确的世界观、人生观和价值观。

二是坚持以爱国主义凝聚青年。以五四、七一、十一等重大节日、纪念日为契机，号召各级团组织开展了“永远跟党走”井冈山红色之旅、观看升国旗仪式、参观周邓纪念馆、平津战役纪念馆等爱国主义教育活动，激发了团员青年的爱国主义热情，使青年的政治信念更加坚定，爱国之情更加深厚。

三是坚持以形势任务激励青年。随着滨海新区开发开放的不断深入，海事发展的条件和环境都发生了深刻变化。为此，我局始终注重以新形势、新任务激励青年开拓创新，多次组织开座谈会，形势报告会以及“青年文明号”、“青年岗位能手”经验交流会等激励青年立足本职、奉献海事，争创一流业绩。

四是坚持用高尚情操塑造青年。积极探索新形势下做好青年思想政治工作的新途径，在全局青年中广泛开展了公民道德、职业道德教育和社会主义荣辱观教育，大力弘扬“团结、拼搏、奉献、卓越”的天津海事精神，近年来，深入开展了“学习钟伯源、杨庆文先进事迹”、“爱党、爱国、爱海事”等主题教育活动，引导广大青年在平凡岗位上创造出不平凡的业绩。

五是坚持用先进文化教育青年。积极推进学习型青年组织建设，广泛开展读书教育活动，努力在青年中营造勤奋好学、学以致用的良好学习风气。局属各级团组织纷纷通过成立读书会、兴趣小组等多种形式加强对青年的学习教育，定期开展读书、交流、研讨活动，青年的综合素质有了明显提高。

（二）实施“四个行动”，发挥生力军和突击队作用，为天津海事发展贮备力量

一是实施青年岗位创新行动。探索创建青年创新基金，推行了青年岗位“创新创效”制度，广大青年发挥优势，积极参与“船舶综合助航系统”、“港口国监督检查目标船选择系统”、“全球海上遇险安全通信系统关键技术产业化研发”等数十项课题研究，并发挥了骨干作用。今年，我局有3名同志荣获天津市青年创新创效明星，其中1名同志荣获“十大标兵”称号。

二是实施青年技能素质提高行动。立足于青年技能普遍提升，广泛开展了青蓝工程、技能比武等导师带徒、岗位练兵等多种专项技能提高活动，进一步激发广大青年的爱岗敬业热情和干事创业激情。积极推荐和选派青年参加专业知识的学习培训，努力为青年立足本职提高知识层次和业务技能创造条件。

三是实施青年优质服务行动。开展了“擦亮窗口，青春行动”等青年优质服务周、优质服务月活动。以“优质服务、廉洁高效”为主要内容，在执法单位开展了“保护母亲河”等一批的教育实践活动，有效强化了青年一线执法人员的文明执法意识。以“甘于奉献，有效保障”为主要内容，在航海保障单位开展了“青春闪光、照亮航程”主题教育活动。青年服务海事中心工作，服务地方经济发展的能力水平有了显著提升。

四是实施青年人才培养行动。注重青年人才培训，鼓励青年职工考取院校研究生，参加系统内外的岗位技能培训等。如我局船舶交通管理中心创办的八环内部培训法成效显著，推广度强，深受广大青年的喜爱。对内注重机关与基层、综合与业务之间的青年干部交流。对外注重与地方团组织、港航单位、口岸单位等单位建立长效的多渠道合作交流机制，选派了多名干部到企业挂职锻炼，通过这些举措，活跃了青年文化氛围，开阔了青年眼界，促进了各项中心工作稳步开展。

（三）坚持“三个创新”，服务青年的进步需求，增强团组织凝聚力和青年归属感。

一是创新推优方式，完善服务青年成长机制。突出团组织育人职能，坚持做好“推优入党”和“推优荐才”工作，积极引导青年参与干部竞争上岗、专业技术研讨、重点课题研究等。每年坚持开展“五四”表彰、“十大杰出青年”、技术能手等评选活动，推进先进青年典型培树，为青年人才的脱颖而出搭建舞台。近3年，我局有6个青年集体荣获省级青年文明号荣誉，30多名青年受到过部、部局以及天津团市委表彰。特别在2010年天津夏季达沃斯论坛中，我局鲁德伟同志作为五名市民代表之一，成为世界经济论坛创立四十年以来，首次以市民身份出席论坛的正式代表，充分展示了天津海事青年的良好形象。

二是创新服务内容，拓宽服务青年领域。注重深入实际，准确把握青年思想脉搏，提高服务青年的有效性和针对性。开通了局内网“共青团园地”专栏，拓宽青年学习交流的平台。注重从细节入手，帮助青年解决学习、工作、生活中遇到的实际困难，努力建设团员青年和谐之家。我局举办的青年集体婚礼、为部分青年购买返程车票、为新进职工解决租房问题，深受全局青年职工一致好评。

三是创新活动形式，丰富青年文化生活。注重发展健康有益、充满活力的青年文化，开展了“畅想天津海事十二五发展”演讲比赛、法规及公文处理知识竞赛、职工文艺汇演、“送书到基层，学习提高年”、“职工趣味运动会”等青年人喜闻乐见的活动。注重提升青年文化品位，积极开展了服务奥运，航海日及“6.5”环境日宣传教育、服务海河龙舟赛、海事文化进校园等活动。各级团组织贴近青年身心特点和成长需要，主动开展了流动图书馆、歌咏比赛等内容鲜活、形式新颖的文体活动，形成了具有天津海事特色的青年文化品牌。

（四）把握“两个环节”，加强团的自身建设，为青年工作开展创造良好环境

一是强化团组织建设。专门成立了由党政主要领导为主任，其他局领导为副主任，机关所有职能部门为委员的青年工作委员会，并明确了落实党政干部领导责任，青年干部主体责任和职能部门的管理责任，初步形成了“党政工团齐抓共管、职能部门分工负责、全员共同支持、青年自身努力参与”的青年工作格局。同时，结合创先争优活动，开展了“精品团支部”或“特色团支部”创建活动，贯穿于团内各项工作，使其真正成为“服务青年，育人荐才”的主要载体，提高青年工作的系统性和规范性。

二是加强团干部队伍建设。在建立健全团干部选拔、任用、培养、输送机制基础上，及时配齐、配强了基层团干部，一大批作风好、能力强的青年相继走上青年领导干部岗位。把好入口关，坚持竞争择优与民主选举相结合，把政治过硬、业务精通、品质优良、工作热情高的青年及时吸纳到团干部队伍中，近两年通过竞争上岗、差额考察等方式选拔40岁以下处、科级青年干部110余人；加大对现有团干部培训工作力度，积极为团干部提供出国考察，外输培训交流等学习机会；通过组织学习、以会代训、工作研讨、派任务压担子等多种形式，促进团干部在实践锻炼中提高自身综合素质。

（五）突出一个中心，创新工作机制和举措，推动青年工作上升到新的水平

坚持青年工作紧密围绕党政中心工作，努力做到“党政所需、青年所能”，“党有号召、团有行动”，结合廉政教育月活动，举办了首届天津海事青年杯廉政专题辩论赛，在展示青年风采的同时，有力推进了全局廉政教育活动开展，得到了部局和天津市委领导的高度肯定。结合学习实践科学发展、创先争优等活动开展，分别组织了“学习实践科学发展观演讲比赛”、“创先争优我们在行动主题征文”等活动。根据业务工作需求，建立了危防、搜救志愿者队伍，有力地推动了局中心工作的开展。

加强青年队伍建设　推进人才强局战略
团结带领青年职工为辽宁海事科学发展贡献青春力量

辽宁海事局

青年是海事事业发展的未来和希望，是实现辽宁海事科学发展的重要人力战略资源和核心竞争力。近年来，随着海事事业的快速发展，一大批年轻人充实到海事队伍当中，我局职工队伍特别是青年队伍也随之不断发展壮大，青年职工的数量和学历层次不断提高。目前全局共有35周岁以下职工351人，占全局职工总数32.9%，其中大学本科以上学历337人，具有硕士研究生学历或硕士学位108人，博士学位1人；28周岁以下职工134人，占职工总数12.6%，全部具有大学本科以上学历，具有硕士研究生学历或硕士学位22人。为培养造就一支政治坚定、能力突出、作风过硬、纪律严明的青年人才队伍，为辽宁海事科学发展提供不竭的创新活力、发展动力和有力的人才支撑、智力保障，我局按照部局党组《关于加强和改进青年工作的意见》的有关部署和要求，切实加强和开展了相关青年工作，现将工作开展情况和具体措施总结汇报如下：

一、局党组高度重视青年工作，切实加强对青年工作的领导，建立健全有效的工作机制

我局党组一向高度重视青年工作，2009年6月，在充分调研的基础上，出台了《辽宁海事局关于进一步加强青年工作的意见》。意见详细分析了青年工作面临的情况，明确了加强青年工作的指导思想，确定了以“坚持服务青年、凝聚青年；坚持培用并举、岗位成才；坚持人才开发、资源共享；坚持典型引路、主动引导”为加强青年工作的基本原则。意见中要求全局各级领导班子和领导干部要进一步重视青年工作和青年人才培养，切实将其摆上本单位、本部门重要工作议程，认真做好青年工作的规划和调查研究，定期听取青年工作汇报，及时研究解决青年工作存在的实际困难和突出问题，积极为青年工作和青年人才培养提供必要的政策支持和资金保障。各级党组织建立并落实青年工作责任制，明确一名班子成员分管共青团和青年工作，指定一名党务部门负责人联系青年工作，加强与团组织的沟通、联络，及时有效地协调青年工作，切实把青年工作作为各级领导班子和领导干部一项重要工作内容，作为领导班子和领导干部考核评价的一项重要内容，形成“党政齐抓共管、团组织牵头协调、全局上下共同参与”的青年工作格局和体制机制。局属各单位党组织结合本单位实际情况，也分别制定了一系列加强和改进青年工作的具体措施。

二、不断加强对青年的教育引导，切实提升青年的思想政治素质和道德修养

高度重视青年的思想政治建设。不断加强青年职工理论教育和培训，积极组织引导广大团员青年学习中国特色社会主义理论，学习实践科学发展观，不断深化对科学发展观的理解、把握和运用。重视加强世情、国情和党情教育，特别是现代交通运输业和海事事业发展的新形势、新任务、新要求，不断增强青年的责任感、使命感和荣誉感。通过组织“我与祖国共奋进，我与海事同发展”主题征文演讲比赛、海事核心价值观研讨和学习杨庆文先进事迹等活动，不断增强青年职工主人翁意识，切实把个人的理想追求与海事事业的发展紧密联系起来，自觉投身和奉献海事事业。

不断加强青年职工的理想信念教育和思想道德教育，增强青年职工的政治修养、道德修养、作风修养、纪律修养。积极引导青年树立正确的“成才观”，合理规划人生。大力塑造“精专”海事青年，倡导辽宁海事青年干一行、爱一行、钻一行、精一行，恪守职业道德，淬炼精湛技能，成为辽宁

海事科学发展的中坚力量。积极开展青年执法人员廉洁从政教育，不断弘扬“严于律己、不贪不沾”的正气，使青年职工自觉抵制歪风邪气，树立良好道德风尚。积极组织团员青年参加“学雷锋活动日”、“5.15政务公开日”、“6.5环境日”、“安全生产月咨询日”、“7.11航海日”、“12.4法规宣传日”、“义务志愿者”、“扶贫助学”等社会公益活动，积极融入社会、服务群众，接受社会实践教育，增强青年的社会责任感，在汶川地震捐款、“送梦想，伴成长” 向大连市贫困山区捐赠爱心刊物等活动中，辽宁海事青年捐款踊跃，充分展示了海事青年良好形象，有力提升了海事的社会知名度和影响力。

各级领导重视加强对青年的人文关怀，尊重青年、理解青年、关心青年。局党政领导通过参加“青年座谈会”、“新录用工作人员座谈会”等形式，面对面地与青年沟通交流，及时掌握青年的思想状况，及时帮助他们解决思想、工作、学习和生活上的困难，不断提高工作的针对性。利用到基层检查工作、调研的机会，与工作在基层一线、艰苦环境以及家在外地的青年谈心，帮助他们解决后顾之忧。

三、不断加强对青年的培养锻炼，努力提升青年的综合素质和业务能力

引导青年牢固树立终身学习的理念，建立“书友会”，培养青年爱读书、读好书、善读书的习惯，变“要我学”为“我要学”，始终保持勤奋学习、刻苦钻研的精神，切实增强做好本职工作和开拓创新的能力。通过举办“迎五四 学先进 促岗位成才”青年座谈会、“英语履约论文竞赛”、 各类主题演讲比赛、在“3•5”期间开展“弘扬雷锋钉子精神，刻苦钻研海事业务”主题活动等，积极推动学习型组织建设，在全局营造浓厚的学习氛围。

组织动员青年积极参与全局各项工作，主动为青年搭建展示才华、建功立业的舞台。坚持把青年放到艰苦环境和重要工作中磨练和培养，对有潜力的青年重点跟踪培养，不断压担子、派任务。尊重和发挥青年的首创精神，鼓励青年积极探索，充分调动青年的创造热情，引导和鼓励青年建言献策。促进青年人才资源共享，积极吸收基层优秀青年人才参与全局性重大课题研究，积极推动青年成才，目前在我局基层海事处已成立超大型油轮监管、危险品监管等多个课题小组。

积极为青年外出深造、学习和培训创造机会、提供条件。建立青年交流研讨机制，定期举办青年学习或研究成果交流会、报告会，邀请业务专家、青年骨干和出国考察人员作学习报告和专题讲座。利用“网络论坛”、“青年讲坛”、“学习讲坛”等平台，改变以往的灌输式教育，变被动接受为主动研究。局机关业务部门不断创新培训研讨方式，船员管理处举办的“内部培训讲座”、法规规范处举办的“沙龙式业务研讨”都为培养年轻执法人员开辟了一条新思路。

加强青年干部培养和使用，广泛发现和挖掘青年人才。积极选派基层青年干部到机关交流学习，坚持把机关青年干部放到基层进行锻炼，积极选送年轻干部到地方部门挂职锻炼。不断提高优秀青年干部队伍建设水平，注重加强青年后备人才的培养和锻炼。

四、不断加强青年典型的培树宣传，着力优化青年人才的成长环境

大力开展“青年先锋工程”、“青年突击队”、“青年建功立业”等实践活动，充分发挥青年职工在全局重要工作和重大活动中的生力军和突击队作用，激发青年勇于争先、奋发进取、敢于拼搏的精神。在“7.16”海上清污工作中，辽宁海事局广大青年职工发扬不怕吃苦、连续作战、冲锋在前的精神，为圆满完成清污任务做出了积极的贡献，多个“青年文明号”集体和个人受到了交通部和省市政府的表彰。积极开展青年岗位练兵、技术比武、业务竞赛等活动，组织开展首席PSC检查官等评选活动，激发青年学业务、比技能、创一流的积极性和热情。

积极开展优秀青年评选工作，我局现有直属海事系统青年标兵1名，优秀青年3名，通过座谈会、报告会等形式，邀请优秀青年典型做经验交流，积极引导青年学先进、树新风、创一流，树立积极进取、

奋发向上的精神风貌，激励广大青年建功立业、岗位成才。

不断深化群众性青年文明创建活动，我局现有国家级“青年文明号”集体两个，市级“青年文明号”集体12个，在青年文明号的创建过程中，本着注重争创服务过程，加强对现有青年文明号的监督指导，确保青年文明号切实起到积极示范作用。根据争创集体领导超龄、青年职工比例不符合标准的现实情况，大胆创新争创模式，不再以整个海事处或部门为争创单位，打造以课题小组为单位的“青年文明号”集体，取得了良好效果。在各窗口和服务单位开展了文明服务活动，并派员参加团市委组织的青年文明号创建工作培训班，通过岗位练兵、岗位培训，不断提高技术水平、创新监管服务模式、发挥青年文明号的辐射作用，充分体现典型集体的先进性和示范性，使青年文明号真正成为海事行业的优秀品牌。

积极开展团内各种评优表彰活动，改变表彰周期为年度表彰，不断创新表彰形式，通过弘扬先进、培树典型，充分发挥评优活动教育人、启发人、鼓舞人、引导人的作用，使表彰先进同促进中心工作更好地结合起来。辽宁局团委、大连局团委先后多次获得大连市“五四红旗团委”光荣称号，多个支部和个人获得大连团市委的表彰。

五、不断加强青年文化阵地建设，切实增强青年的凝聚力和向心力

不断加强“海事青年讲坛”、“青年之友”网络论坛等青年文化阵地建设，着力打造青年文化品牌，培育和塑造海事青年精神，促进和引领海事文化建设。青年讲坛活动充分调动基层单位参与积极性，针对青年感兴趣的内容和局工作需要，积极邀请内部“能手”或聘请外部“专家”为青年传道解惑，进一步开拓视野，活跃思维，增强团员青年发现问题、分析问题和解决问题的能力。目前我局“青年之友”网络论坛运行情况良好，我局青年参与热情比较高，还吸引了部分外单位的同志参与讨论。论坛板块设置不断丰富，加设“留言信箱”等板块，充分倾听团员青年的声音，相关单位、部门积极配合，及时反馈大家提出的问题。网上论坛充分利用了网络的开放性、互动性和即时性优势，进一步统一思想，化解矛盾，凝聚力量，为辽宁海事的科学发展营造和谐的氛围。

组建青年读书会、书画摄影协会和足球队、篮球队、合唱团等青年文化团体，鼓励和引导青年积极参与各种群众性文化活动，丰富青年的文化生活，愉悦身心，陶冶情操，增强青年的团队意识和集体荣誉感。通过与口岸系统各单位的联谊交流，共谋口岸建设和服务能力的提升，不断加大与港航企业年轻同志的交流力度，了解服务相对人的需求，提高青年职工的服务意识。

六、加强共青团组织建设，充分发挥团组织作用

坚持“以党建带团建”，做到党有号召、团有行动，切实加强团组织建设，充分发挥团组织联系团员青年的桥梁和纽带作用，依托团组织开展好青年工作。不断理顺基层单位团组织隶属关系，2008年成立了辽宁海事局青年工作委员会，加强了对基层外埠单位青年工作的领导和统筹协调。

指导局团委进一步完善团委各项工作制度。完善团委例会制度，建立定期务虚制度，进一步细化团内工作分工，充分调动基层团组织积极性和创造性。完善基层团组织建设，目前全局各单位团组织机构健全，实现了团组织的有效覆盖，便于团组织各项工作和活动的推进。

不断加强以团干部为主体的青年工作队伍建设，各级团组织能够按照团章要求按时换届，把思想好、能力强、作风正、有热情的优秀年轻党团员，及时选拔到团组织的领导岗位上，为基层团组织补充新鲜血液。积极拓宽培训渠道，开展团干部培训工作，不断增强团干部的政治意识、组织意识和模范意识。充分调动团干部工作热情，积极为团干部搭建展示能力的平台。

不断加强工会组织和团组织的沟通协调，形成群团组织的合力。选派人员担任大连市青年联合会委员，积极参与地方青年组织活动。不断加强各级团组织与所在地各级团组织的联系，号召各级团组织积极主动参与地方团组织的各项活动，提升局组织各项活动与地方团组织重点活动的结合度，形成积极参与、主动融入的良好氛围，充分展示辽宁海事青年的风采，扩大我局在地方的影响力。

强化思想教育 注重培养使用
努力打造海事科学发展生力军

河北海事局

根据部海事局党组关于青年工作的部署和要求，河北海事局坚持以科学发展观为指导，以努力建设一支热爱海事、勤于学习、甘于奉献、作风优良的青年海事队伍为目标，以“关心青年成长，培养青年人才”为主线，不断深化认识，加强组织领导，强化思想教育，注重培训培养，全面推进青年工作深入开展。青年队伍的生力军和突击队作用得到有效发挥。2011年共青团河北省委授予河北海事局团委“2010年河北省五四红旗团委标兵”称号。沧州海事局黄骅大港海事处、秦皇岛海事局北戴河海事处荣获“全国青年文明号”称号。我们的主要做法和体会是：

一、统一思想认识，强化青年工作的组织领导

根据海事发展实际需求以及海事队伍现状，我局进一步统一思想认识，强化组织领导，做好支持保障，为青年工作顺利开展奠定了坚强的思想和组织基础。

（一）提高思想认识。目前全局青年职工比例较大，35岁以下青年职工占在岗人数的50%，一些分支机构甚至达到60%以上，成为了海事队伍的主体。面对河北港口大投资大建设迅猛发展的态势，海事人员数量以及能力需求更加迫切，甚至有些工作因人员紧张难以开展。局党组深刻认识到，目前青年工作比过去更加复杂、艰巨和重要，做好青年工作对于有效履行职责、加强队伍建设、推进科学发展具有极为重要的意义和深远影响，必须将青年工作提升到战略高度来加以认识和推进，切实抓紧抓实抓好。

（二）构建组织领导体系。从调查研究入手，发放调查问卷，开展面对面交流，了解青年群体心声，摸清青年工作现状。在此基础上党组会议专题研究，出台加强和改进青年工作的实施意见，召开全局青年工作会议，并在直属局和分支局两个层面分别成立青年工作委员会，建立了新的青年工作领导机构。继续发挥团组织的桥梁纽带作用，进行团委换届选举，共设立4个基层团委、20个基层团支部，确保团组织覆盖到每名青年，构建起了完整、高效、顺畅的青年工作组织领导体系。

（三）全面推进工作。局领导班子将青年工作列入重要议事日程，定期听取工作汇报，研究解决青年工作问题。将青年工作经费纳入年度财务预算，并逐年提升。班子成员带头参加“五四”青年座谈会、团干部培训班、青年足球联谊赛等青年活动，鼓励放开手脚，结合阶段性重点任务，大胆开展青年工作。积极协调各方资源，解决青年实际困难。增设图书室、活动室，购买图书、健身器材，丰富业余文化生活。开通通勤车，解决偏远地区交通困难。关心青年婚恋问题，每半年组织一次单身联谊活动。

二、突出思想教育，引导青年树立正确的人生观价值观

我局基层单位大多条件艰苦，文化设施较为落后，青年的精神文化需求时常得不到满足，容易产生心理落差。我局紧紧抓住青年正处于人生观、价值观形成关键期的成长规律，突出思想引导，推动自我教育，坚持用社会主义核心价值体系引领青年，用先进的文化熏陶青年，引导青年投身到海事工作实践中去。

（一）坚持正面教育。广泛开展思想政治、党史国情、革命传统、形势政策、海事价值观等教育活动。组织学习党的十七大精神，参加党史教育活动，参观《复兴之路》主题展览、辽沈战役纪念馆等，坚定青年的政治信仰，增强爱国情怀。组织学习杨庆文同志先进事迹，参加海事核心价值观大讨论，我局主要领导亲自为新入局青年授课，讲述红岩精神，倡导“责任、奉献、荣誉、高效”的价值

理念，引导青年树立正确的世界观、人生观和价值观，弘扬正气，增强热爱海事、献身海事的认同感和主动性。

（二）推动自我教育。根据青年自主意识强的特点，鼓励青年自我学习、自我激励、自我监督，实现自我提高。结合“五四”评先活动，在青年职工身边培树直属海事系统、河北省直工委等不同层次的典型，树立青年学习进步的标杆。通过青年主动学习典型的成长历程、成功业绩以及日常行为表现，激发爱岗敬业、进取奉献的工作热情，不断实现自我进步。建立“河北海事青年之家”QQ群，拉近青年心灵间的距离，促进青年互动交流、共同提高。

（三）推进全面教育。鼓励青年以典型事迹为素材，自编自演舞台剧《理解》、快板《唱典型》等文艺节目，在欢声笑语中激发青年成长进步的斗志。结合“雷锋纪念日”、“五四”、“七一”、国庆节等节日，组织青年广泛参与读书交流、参观学习、书画摄影、知识竞赛等活动，用健康的文化滋养青年，塑造青年乐观进取的精神面貌。举办全局性的青年足球联谊赛，顺应近年来青年间加强交流、增进友谊的主流呼声，促进青年队伍凝聚力的提升。

三、创造成长平台，加快青年成才

为加强海事人才队伍建设，适应未来海事快速发展的需求，服务地方经济建设，我局创造多种平台，加快青年成长成才的步伐，提升青年的综合素质和工作能力，让青年活跃在工作第一线，担当起海事发展的历史重任。

（一）加强实践锻炼。实践是最好的培养方式。我局先后选拔20余名政治素质硬、工作业绩优的优秀青年担任部门或基层单位领导，通过派任务压担子，加快青年成才。组织青年参加船舶安全检查、船舶交通管理等岗位技能竞赛，通过比拼找差距，提高青年的工作能力。开展青年岗位轮换，实施多岗位锻炼，培养海事管理的多面手。选派优秀青年到交通运输部、省委省政府等上级机关学习锻炼，促进青年的全面发展。

（二）拓宽培训渠道。举办新入局人员集中培训班，帮助青年全方位地了解海事，尽快进入工作角色。推行职业导师制，选派专家型人才作为导师，通过“一对一或一对多”的辅导方式，使青年快速适应岗位需要。推行准军事化管理，强化青年的规范意识和纪律观念，促进青年良好作风的养成。此外通过举办海事论坛、开设英语课堂、外出培训等形式，不断拓宽青年知识面，满足不同青年群体的成长需求，努力提高青年队伍的综合素质。

（三）搭建展示平台。组织和鼓励青年围绕全局重点工作、重大任务，发挥突击队作用。组织参加“十二五”发展建言献策活动，用青年集体智慧推进海事发展。开展“船舶非法排污监督检查”等课题研究，激励青年学习钻研、攻坚克难。曹妃甸海事处青年张立志深受污染事故调查启发，自行研究设计船舶堵漏装置，获得国家知识产权局实用新型发明专利。深入开展青年文明号创建活动，在电煤运输保障、奥运水上安保、世博船舶安保等重大任务中，彰显青年集体的推动力。成立秦皇岛市志愿者海上搜救分会、唐山市海上搜救志愿者服务站，组织青年参加海上搜救行动，履行社会责任。参加海事青年辩论赛，展示青年良好的技战术素养和敢于拼搏、勇于争先的精神风貌。在河北省直团工委“青”字名片征集活动中，我局有7个作品被评为优秀，占优秀作品总数量的三分之一，在省直系统塑造了海事青年的良好形象。

通过近年来的青年工作，有以下几点体会：一是我局青年工作的深入开展，显著提振了青年的精气神，有效提升了青年的综合能力，促进了海事队伍建设。青年队伍推进海事发展的生力军作用得到了充分展现。二是青年工作的开展，一定要抓住思想教育这一关键环节，引导青年形成正确的价值观念，弘扬正气，抵制不良的意识形态和社会风气，以塑造一支有理想、有追求、奋进、活泼的青年队伍。三是青年职工的培养，必须坚持“两手抓”，即一手抓青年培训，提高综合素质；一手抓实践锻炼，通过压担子、派任务、多岗位历练，在实战中积累经验，促进快速成长。

近年来，我局青年工作虽然取得了一些成绩，但是与部局党组的要求和青年队伍的期望还有一定差距。下一步，我们将继续按照部局党组的统一部署，借鉴兄弟单位的先进经验，进一步深化认识，创新手段，全面推进，引领青年奉献青春、建功立业，打造一支海事科学发展的生力军。

注重青年人才培养 服务海事事业发展

山东海事局

海事青年人才是海事事业发展的希望和未来，青年人才兴，则海事事业兴；青年人才强，则海事事业强。如何做好青年职工的教育培养工作，促进青年成长成才，充分发挥青年职工的战斗力和创造力，为海事事业做出更大贡献，成为当前海事青年工作面临的重要课题。我局党组一直高度重视青年人才工作，始终把青年人才资源作为山东海事发展最重要的资源之一，把培养和造就青年人才作为人才队伍建设的一项重要的战略性任务。坚持将青年人才队伍建设作为一项重点工作、一项系统工程来抓，并将青年人才培养工作纳入到局人才队伍建设的总体规划中通盘考虑、统一部署。

一、建立制度、完善机制，为青年人才培养提供制度保障

为保证青年人才培养和青年人才队伍建设的系统化、持续化、规范化，我局党组坚持规划先导，将加强对青年人才的培养写进了局《十年人才队伍建设纲要》，确定了当前和今后一段时期全局青年人才培养工作的总体思路、指导思想和目标，使之成为当前和今后一段时期我局青年人才培养工作的重要指导性文件。在我局出台的《拔尖人才管理工作程序》、《专业技术人员管理工作程序》、《职工教育培训管理工作程序》和《领导干部管理办法》等多个人才队伍建设和管理的文件中，都明确了局属各单位、部门在青年人才培养、使用和管理等方面的责任，初步建立和完善了青年人才培养的制度和机制。

按照部局青工委的统一部署要求，我局目前已经建立山东海事局青年工作委员会，并指导局团委起草了《关于加强十二五期间青年工作的指导意见》，该意见将依照本次青年工作会议的最新精神进一步完善后在全局实施。

二、创新形式、注重实效，为青年职工教育培养搭建平台

青年成才需要培养。目前，我局有35岁及以下青年职工510人，占全局在职人员总数的33.2%，近三分之一。近年来，山东海事局以培训青年工作技能、培养青年工作能力、提升青年综合素质为出发点和着力点，开展多种形式的培训，不断创新青年人才培养形式，促进青年尽早、尽快成才。

一是不断完善新录用人员岗前教育、基层锻炼、专业学习、岗位实习等培养措施，坚持新进人员100%参加初任培训和基层实习锻炼。推动新录用人员分期分批随船见习，目前已有86名青年职工随“海巡11”轮进行实习锻炼。认真组织实施海事执法岗位适任资格培训和海事执法人员专业资格培训。

二是注重把握和遵循人才成长规律，通过开展青年人才职业生涯规划活动，进一步完善了青年人才培养的措施，鼓励青年人才根据岗位特点发挥自身专业优势，立足岗位建功立业。

三是坚持在实践中锻炼青年人才、培养青年人才、造就青年人才，鼓励毕业生到基层一线锻炼，培养青年职工吃苦耐劳、敬业奉献的精神。按照《山东海事局实施准军事化管理工作程序》的要求，青年职工100%参加军事化训练。

四是鼓励青年人才通过在职学历教育，提升自身能力和知识层次。2010年组织67名职工通过集中学习培训，顺利通过研究生考试，接受更高层次学历教育。其中有75%是35周岁以下的年轻同志。

三、发扬民主、择优选任，为青年人才选拔任用畅通渠道

我局党组将进一步扩大干部选拔工作民主化作为深化干部人事制度改革的重要抓手，制定发布了《山东海事局领导干部竞争性选任工作程序》，并将竞争性选任方式作为干部选拔任用的主要形式明确纳入到《山东海事局领导干部管理办法》中。竞争性选任工作进一步制度化、规范化、常态化，为青年人才脱颖而出创造了重要途径。我局2010年开展空缺领导职位竞争性选任工作以来，已有41名年轻同志（35周岁以下）通过竞争性选任走上了科级领导岗位，进一步优化了山东局干部队伍结构，也为各级领导班子和干部队伍建设注入了新的生机和活力。

围绕优化干部资源配置、促进青年人才成长，我局党组启动并大力推进了关键岗位、两级机关、机关与基层之间的青年人才交流工作。不断提高青年干部的培养锻炼力度，为青年人才成长提供更多的机会和平台。2010年通过开展机关普通岗位双向选择竞争上岗工作，有24名青年职工通过竞争，从基层到机关工作，为青年成长成才提供了更好的平台，同时也使机关工作岗位年轻化、专业化趋势进一步加强。

机关与基层双向交流挂职工作目前也已在全局范围内启动，机关部分优秀青年同志将有机会到基层进行锻炼，进一步充实基层岗位工作力量。基层部分年轻干部也将通过交流到机关进行学习，这对于开阔年轻干部视野，提升队伍活力，锻炼培养基层优秀年轻干部起到极大的促进作用。

除此之外，我局党组还将基层党支部书记和委员公推直选的先进经验，创造性地运用到团干部选举工作中。2010年组织召开了山东海事局团员代表大会，以公推直选的方式选举产生了新一届团委领导班子和团委书记。一大批团员青年通过公推直选成为团干部，公推直选成为青年人才培养和充分发挥团内民主的有效途径。

四、关注青年成长、关心青年生活，为青年成才创造良好环境

我局坚持在政治上关心青年职工、工作上支持青年职工、生活上照顾青年职工。积极创建鼓励青年职工干事业、支持青年职工干成事业、帮助青年职工干好事业的良好青年职工发展环境。

一是通过召开青年职工座谈会、关注网络论坛等形式，准确把握青年职工的思想动态和发展需求，及时提供支持和帮助，引导青年职工牢固树立正确的世界观、人生观、价值观。加强对青年人才的组织培养和引导，使个人的发展意向与组织需求相一致，激发人才发展动力。

二是注重关心青年职工的学习、工作和生活，关注他们的成长和发展。着力改善基层青年职工的工作和生活条件，为一线青年执法人员配备了安全防护装备和御寒防暑设施；提升了交管中心值班协调员（大部分为青年职工）、基层海事处夜间现场执法等特殊岗位的待遇；建立了新进人员住（租）房补助制度；建立完善了青年职工继续教育激励机制；落实青年职工带薪休假和实施全局职工健身计划；为解决部分独生子女无法照顾父母等生活难题，启动了跨分支局人员调动工作。

三是注重有效发挥群团组织和职能部门作用，组织开展丰富多彩的青年活动，为青年人才展示才华搭建平台，为他们提高潜能、加快自身锻炼成长创造条件，使全局青年干部职工的凝聚力和向心力有效提升。

目前，通过组织培养和自身努力，一部分年轻职工已经走上了领导岗位或者成为本岗位、本专业领域的中坚力量，在促进山东海事事业的发展中发挥着越来越重要的作用。很多年轻同志参加到了奥运会帆船赛海事保障、十一届全运会海事保障、放抗海冰自然灾害、海上搜救、溢油应急等急难险重工作中，并顺利完成任务，充分展现了年轻干部职工敢打硬仗、善打硬仗的优良素质和作风。

五、统筹规划，注重实效，认真谋划“十二五”期间青年工作思路

在今年的全国人才工作会议上，胡锦涛总书记强调，人才资源是第一资源，必须用战略眼光看

待人才工作。李盛霖部长在全国交通运输系统人才工作视频会议上指出，当前要着眼于交通运输今后10年发展对人才的需求，采取有效措施，加大培养力度，整合人才资源，优化人才结构，完善体制机制，营造良好环境，统筹推进交通运输系统各类人才队伍建设。陈爱平常务副局长在2010年人事教育工作会议上也对直属海事系统人才工作提出了新的要求。党和国家领导人以及上级机关领导对人才发展提出的新要求，为我们开展人才队伍建设工作指明了方向。

青年人才作为人才队伍中最具活力和发展潜力的一部分，是保障海事事业健康快速发展的重要战略资源，是推动海事各项工作顺利开展的重要后备力量。我局党组将继续坚持在部党组和部局党组的领导下，坚持以全局的和战略的眼光，高度重视对青年人才的教育和培养，并继续做好以下几个方面的工作。

一是进一步加强对青年人才工作的组织领导，牢固树立青年人才工作围绕中心、服务大局的意识。把青年人才培养工作放到海事发展的大局中去思考、去谋划、去定位，将青年人才培养与海事发展紧密地结合在一起：一方面通过事业锻炼和造就青年人才，使得人才辈出、人尽其才；另一方面通过青年人才促进事业发展，推动人才队伍建设步入良性循环的发展轨道。

二是牢固树立“适岗就是人才”的青年人才培养意识。坚持适岗就是人才、人人都能成才的重要原则，加强对青年职工的思想引导，加大对青年职工的培训教育力度，完善管理制度机制，鼓励激励青年职工不断提高自己、发展自己，引导广大青年干部职工奉献海事、岗位建功。

三是以职工队伍能力建设为核心，以全面落实人才队伍建设纲要、“四支队伍”建设目标为主线，以实施“111人才工程”建设为基本着力点，加快创新青年人才工作体制机制，着力优化青年人才成长的内部环境，全面提升青年人才队伍的综合素质和能力。

四是立足改革创新，不断完善青年人才工作制度和机制；建立竞争择优的青年人才选拔使用机制；建立注重业绩的青年人才考核评价机制；建立纵横联动的青年人才交流机制；建立积极的青年人才激励和保障机制；严格分类管理，不断强化青年人才培养措施。

各位领导、同志们，做好新形势下的海事青年人才队伍建设和人才培养工作，是当前海事事业发展新形势赋予我们的光荣使命，是实现海事事业又好又快发展的重要基础。我们将继续坚持以科学发展观为指导，在部党组、部局党组和部局青工委的领导下，继续坚持做好海事青年人才的培养、教育、选拔、使用和管理工作，不断激发青年职工的活力和创造力，提升青年职工的凝聚力和向心力，引导广大青年职工为海事事业的发展做出新的更大的贡献！

活化青年工作机制 优化青年工作平台 切实发挥青年的生力军和突击队作用

江苏海事局

为全面落实部局党组《关于加强和改进青年工作的意见》，切实发挥海事青年的生力军和突击队作用，江苏海事局党组坚持以青年为本、以服务为重、以育人为目标的工作理念，通过推行三项机制，构建三大平台，实现三个提升，进一步完善了青年工作格局，丰富了青年工作内涵，提升了青年工作绩效，开创了青年工作新局面。

一、推行三项机制，完善青年工作格局

一是高度重视青年工作，巩固“党建带团建”工作机制。局党组坚持党建带团建，实现党的建设、团组织建设和青年工作同步开展，将团的组织建设和青年工作纳入党建工作体系，形成“党组协调、部门联动、团委主抓、整体推进”的青年工作格局。按照 “五个纳入”（工作目标、组织建设、队伍建设、阵地建设、检查考核）和“五带一优化”（带思想、带组织、带班子、带队伍、带工作发展，优化工作条件）的目标要求，确保党团工作的有效衔接，实现了“五个统一”（统一研究、统一部署、统一规划、统一检查、统一考核），从组织、经费、场地、时间等各方面加大对青年工作的支持力度。局领导每到一处都要与青年职工坐一坐、谈一谈，到“青年文明号”走一走、看一看，坚持俯下身子倾听、坐到一起对话、沉下心来关注，为青年工作投入了大量的精力，提出了一系列指导性意见，进一步拉近了与青年职工的距离，激发了青年职工的热情。在局党组的重视和支持下，局团委积极推进江苏省基层团组织创新在我局的试点工作，开展“项目化管理、品牌化建设”， 推出了一批团建创新成果，形成了青年工作“一局一品牌、一处一特色”的生动局面。

二是创新工作方式方法，建立“团青双驱动”工作机制。2005年，张家港海事局针对海事团员队伍正逐渐萎缩，而青年职工又占踞全局“半壁江山”这一现实情况，率先在全国海事系统组建了青年工作委员会。局党组对这一青年工作新理念、新思路十分重视，经过多次调研，在江苏海事系统推广这一成功经验，形成了一套符合江苏海事发展实际和青年队伍建设实际的青年工作新机制。经过几年的努力，局属各单位和局机关都成立了青工委，青工委工作逐步走上常态化、制度化的轨道。青工委的成立，扩大了团组织的覆盖面，丰富了青年工作的内涵和外延，改变了过去团组织职权小于职责，组织能量小于工作量这一“小马拉大车”的状况，实现了青年工作的“双轮驱动”，提高了青年工作的整体效应。团组织和青工委根据各自工作职责和工作对象，既明确分工、落实责任，又相互补充、形成合力，有效拓宽了青年工作的空间，推进了工作落实，特别是在青年职工新思想的灌输、新理念的倡导、新知识的学习、新技能的培养上发挥了重要作用。

三是整合青年工作资源，建立“区域大协作”工作机制。我局在开展基层青年工作方面，增强了开放互联的意识，以组织、活动、阵地、信息为抓手，结合各单位的工作实际，推行区域团建协作机制，增强青年工作合力。现已建立了南京、连云港、南通、镇江、张家港等五个团建协作片区，全面覆盖全局青年工作。片区内各单位相互学习借鉴，共搞活动、共享资源， 营造比、学、赶、帮、超的浓烈氛围，达到“优势互补，资源共享，相互联动，共同发展”的目的。同时，我局还建立落实了团建联系点制度，明确团委委员负责各片区青年工作，制订区域团建工作方案，策划活动开展，推进

区域协作，努力把联系点建成反映基层团员青年诉求的信息点和团建工作的示范点，以点带面，促进全局青年工作水平的整体提高。

二、构建三大平台，提升海事青年素质

一是构建学习实践平台，引导青年履职尽责。针对海事青年学历层次较高、民主参与意识强、富有活力和朝气、勇于探索创新的特点，我们通过主题教育、专题研讨、读书活动等形式，引导青年树立终生学习的理念，鼓励青年紧扣海事事业发展和本职工作的需要开展学习、刻苦钻研、积极实践。通过积极打造“江海讲坛”、“航海实践教育培训基地”等实践平台，引导青年通过岗位实践，不断总结、积累经验，提高实际工作能力。通过加强新进人员适任培训和推行导师带徒的“青蓝工程”，教育引导新进人员了解海事、热爱海事，帮助其完成向海事工作人员角色的转变。通过“创先争优”、青年志愿者等活动形式和载体，引导青年积极投身奉献海事、服务社会、执法为民的有益实践，提升了青年职工的履责意识和争创热情。

二是构建素质提升平台，提升青年综合素质。为全面提升海事青年的综合素质，我局从2006年开始，实施了“以岗位读书成才、青年成长沙龙和素质拓展训练”三项活动为主要载体的青年素质提升计划。通过青年自愿担任青年素质提升计划活动召集人，自行策划、组织、协调完成各项活动，来增强他们的创新意识，培养进取精神，提高人文素养，展示自我、增长才干。2008年，局组织开展了“80后海事青年新形象”大讨论活动，挖掘80后海事人的精神特质，塑造了“有爱心、负责任、敢创新、勇攀登”的江苏海事青年新形象。2009年，局组织开展庆祝新中国成立60周年演讲比赛，倡导“海事核心价值观”，使海事核心价值体系成为全局青年共同的道德规范和价值取向。2010年组织江苏海事青年辩论赛，活跃青年思维，激发青年热情，展示了江苏海事青年的良好精神风貌。针对青年群体的需要，我们还成立了游泳、篮球、足球、乒乓球、摄影等青年素质提升兴趣小组，并为他们提供了必要的活动场所和设备，定期开展兴趣活动，定期进行讲评交流，不断丰富青年的业余生活，提升青年职工的综合素质。

三是构建成长成才平台，培育青年人才队伍。我们根据青年职工的现状和特点，科学制定青年人才培养计划，明确具体的青年管理干部队伍、青年专业技术人才队伍和青年技术能手的培养目标。根据青年人才的特点，探索建立符合青年人才特征的专项指标体系，细化青年人才的评估标准，建立“十佳青年英才”评选机制，完善并逐步推行科学的青年人才评估制度。根据青年人才培养的需要，制定青年职工继续教育和培训的计划，强化青年职工的初任培训和岗位学习，鼓励青年职工参加本岗位的新知识新技能培训，增加优秀青年职工参加高层次国内培训、学术论坛和参与课题研究的机会。在管理类岗位上，我们通过轮岗交流、上下交流、挂职锻炼和破格提拔等培养措施，全面提高青年的管理能力，储备了一批青年后备干部。在技术类岗位上，坚持全面培养青年业务能力的同时，注重培养一些对固定的专业人才，参与高层次的课题研究、学术交流和规范性文件起草等活动，储备了一批专家后备人才。规范了团组织“推优荐才”工作的程序和标准，完善了“双推”工作的方法和途径，各基层团组织逐步建立健全“双推”工作机制，推进了“双推”工作的常态化、制度化，保证了青年人才培养渠道的畅通。

三、实现三个提升，激发青年队伍活力

一是提升青年队伍的生力军和突击队作用。近年来，我局辖区业务量成倍增长，而人员增长明显滞后，水上安全监管压力逐年增大。面对这种形势，我们注重发挥青年的生力军和突击队作用，维护和激发青年投身海事、建功立业的热情。我们引导青年在水上安全监管的一线勇挑重担，全局青年成为抗震救灾、国庆60周年、上海世博会、广州亚运会等重要时段水上安全监管的重要力量。我们引导

青年在做好“三个服务”上贡献力量，不断激发青年的创造热情，广大青年积极创新服务举措，提升服务意识，改进服务水平，赢得了行政相对人和社会的广泛赞誉。我们引导青年在海事文化建设上引领风尚，努力实践“团结、创新、务实、奉献”的江苏海事精神，自觉形成并弘扬正确的人生观、价值观，积极投身文化实践活动，为海事文化建设注入了青春活力。

二是提升青年组织的战斗力和凝集力。我局在工作中坚持抓基层强基础，着力强化青年组织服务、凝聚、引导青年的能力和水平。面对金融危机，局团委和青工委组织开展了“保增长促发展，青年文明号在行动”主题活动。在国庆六十周年之际，动员全局青年全力做好安全监管和维护稳定工作，要在思想上先行一步、在行动上快人一着，在监管上高人一招、在服务上胜人一筹，真正做到党有号召，团有行动。在江苏海事局建局十周年之际，组织开展“下个十年看我们”主题青年座谈会，大力宣传江苏海事事业发展战略规划，激发青年爱岗敬业、拼搏奉献的热情。面对“十二五”发展机遇，开展“我为江苏海事科学发展献一计谏一言”活动，倡导和鼓励青年职工勤学习、善思索、多进言，更好地发挥党的助手和后备军作用。

三是提升青年品牌的影响力和认知度。通过深入开展“青年文明号”、“青年岗位能手”、“青年突击队”等创建活动，在地方打造了富有海事特色的青年品牌。局连续三年组织开展了“服务先锋、微笑海事”为主题的青年志愿服务活动，结合世界环境日、航海日及安全生产月等，积极开展了“水上安全宣传咨询日”、“保护母亲河”、植树护绿、扶贫帮困等公益活动，在倡导安全文化、打造海事形象等方面发挥了海事青年的重要作用。各级青年团队和青年职工履职尽责创先进，立足岗位争优秀，涌现出了5个全国青年文明号、10个省级青年文明号和江苏省优秀共青团员、直属海事系统优秀青年等一大批先进集体和个人。青年品牌既增强了青年职工的荣誉感使命感，成为了凝聚青年的平台，又提升了海事的知名度美誉度，成为了展示海事形象的窗口。

总结回顾我局几年来的青年工作，我们有以下四点体会：

一是必须坚持围绕中心。只有紧紧围绕党组织的工作部署和海事中心工作，充分发挥自身优势，青年工作才能始终保持正确的方向，才能在服务大局中求认同、求作为、求发展。

二是必须坚持服务青年。只有从青年实际出发，坚持服务与育人并举，帮助和引导青年实现全面发展，才能赢得青年的信赖，青年工作才能具有持久的吸引力和感召力。

三是必须坚持完善机制。只有切实加强组织建设、队伍建设、作风建设、思想建设，不断完善青年工作机制，提升青年工作科学化水平，才能从根本上增强青年组织的凝聚力和战斗力，才能更加广泛地组织、引导和服务青年。

四是必须坚持开拓创新。只有不断解放思想，研究新情况，解决新问题，创造新经验，青年工作才能在“破”与“立”的转化中，不断适应形势变化和外界挑战，才能具有源源不断的前进动力和生机活力。

营造环境　搭建平台
努力提升青年职工队伍整体素质

浙江海事局

为认真贯彻落实交通运输部党组、部海事局党组关于加强队伍建设特别是加强青年工作的决策部署，保持海事队伍的健康可持续发展，进一步适应浙江经济社会快速发展的需要，近几年，在上级的正确领导和关心下，浙江海事局集中招录了一批青年职工。截至2011年5月，浙江海事局共有35岁以下职工524人，占全局在职职工的30.6%。其中，85%是“十一五”期间通过国家公务员考试公开招录的大学毕业生和具有航海资历的船员。这些青年职工的加入，有效改善了我局职工队伍的结构，充实了一线执法力量，他们是浙江海事的新生力量和未来发展的希望。我局党组深刻认识到，如何教育、管理、引导好这支数量较大的青年队伍，最大限度地发挥好利用好他们勇于创新、思维活跃、反应敏捷、充满活力的特长和优势，对于促进浙江海事事业科学发展具有重要意义。为此，近年来，我局党组在推进“人才强局、科技兴局、文化铸局、品牌立局”战略中，着力于营造青年职工干事创业的优良环境，搭建青年职工成长成才的良好平台，坚持抓教育铸信念，抓培训提素质，抓组织强功能，抓典型激活力，创新机制，创造机会，充分挖掘、发挥青年职工的聪明才智，努力打造一支品德优良、技能精湛、作风过硬的高素质海事青年队伍。

一、加强组织建设，凝聚青年职工

青年组织建设是青年工作的基础，是凝聚青年的组织保障。针对我局青年职工队伍的实际，在组织建设方面主要抓了以下三个方面的工作：

一是明确青年工作领导责任制。进一步明确了各单位党组织负责人作为青年工作的第一责任人，健全落实青年工作领导责任制，定期听取青年工作汇报，分析青年职工思想动态，研究解决工作中的困难和问题，真正做到对青年工作思想上重视，组织上落实，行动上支持。

二是健全完善共青团组织。坚持把健全完善团组织体系作为青年工作的一项基础性工作来抓，夯实团组织基础，健全团组织体系，完善团组织工作制度和机制。在浙江局机关、5个分支局及2个直属单位成立了团组织，并在基层海事处通过独立建团或联合建团等形式组建基层团组织，全局共建立团组织31个，进一步完善了组织网络，基本实现了组织的全覆盖，做到“哪里有团员青年，哪里就有团组织，哪里就有团的工作”。

三是成立青年工作委员会。组织召开了青年工作会议，通过选举产生了浙江局第一届青年工作委员会。青工委由党工部、人教处和两级团组织的相关负责人组成，作为局党组领导下的以团组织为核心，融合相关职能部门，以团结、教育、引导青年为工作宗旨的青年工作机构，党联系青年的桥梁和纽带作用，为青年提供各种服务，把更多的青年汇集到组织周围，进一步延伸和拓展了团组织教育青年、引领青年和服务青年的作用。

二、加强系统培训，促进青年成长

系统化的培训是加强队伍建设的重要手段，也是干部职工的基本需求，更是浙江海事发展的现实需要。我们坚持把人才领先的理念、标准和要求贯穿到青年工作全过程，在实施“人才强局”战略中突出青年这一主体，搭建平台，打好基础，让青年勇担“人才强局、科技兴局”的重任。

针对新录用人员的实际，在坚持开展全员培训的基础上，重点对新录用人员进行针对性的培训教育，使他们能较为全面地了解掌握海事的基本知识和要求，为今后的成长打好基础。在对新录用人员的培训教育方面突出抓好以下五个环节和一个重点：

第一个环节是军事训练。军事训练是推进半军事化管理，加强队伍正规化建设的必要手段。我们把军事训练作为新录用人员的第一课和必修课，认真组织，抓好落实。在军事训练中，精心设置了队列训练、思想教育、素质拓展等科目，让他们与部队战士同生活、同学习、同要求，帮助他们树立爱国主义思想和正确的世界观、人生观和价值观，提高组织纪律性和团队精神，增强国防意识、集体观念以及身体素质。

第二个环节是理论培训。我们积极与上海海事大学合作，发挥院校师资力量和教学资源的优势，着力在培训内容、学习方式和管理模式上创新，注重学习内容针对性、学习方式多样性、自我管理规范性，增强了理论培训的实际效果和吸引力。按照部海事局规定的海事专业、综合管理、法律法规等方面的培训要求，统筹建立了由院校教师、社会知名专家和局内具有较强专业技能和理论水平的同志组成的较为丰富的培训师资库，提高理论培训的质量。通过3—6个月的理论培训，使他们能了解海事工作，树立责任意识，熟悉岗位所需要的法律法规和专业知识以及必要的基本技能。

第三个环节是实操培训。在集中理论培训的基础上，落实“理论联系实际”的要求，让新录用人员在海事业务种类齐全、具有良好师资等培训基础的基层单位进行实操训练，有效提高了新录用人员的岗位技能。在实操培训中，制定《实操培训手册》，实施“实操培训‘传、帮、带’责任制度”，开展实操项目考核评估，确保各项培训要求得到落实。一方面，选取实践经验丰富、理论基础好的执法人员作为带教老师，制定详细的培训内容和要求，明确带教责任和进度，开展案例教学和研讨；另一方面，通过引进社会师资力量，聘请航运企业高级管理者、修造船厂相关技术人员、大型船舶的高级船员等作为实操培训教师等，充实培训师资库，创新教学方式，进一步提高实操培训的效果，促进他们深入了解海事业务，快速融入海事团队。

第四个环节是上船培训。我局积极开展与中海集团、南京油运等航运企业的战略合作，输送了50多名具有航海资历或航海类专业的新录用人员进行一到三年不等的上船实习，系统学习掌握航海知识和技术，要求他们考取相应的船员适任证书，为履行执法职责打好基础。

第五个环节是跟踪管理。在进行近一年的初任培训后，安排新录用人员到各自的岗位上工作时，继续实施“师带徒”模式，进一步加强跟踪管理，要求其所在部门内确定一位带教师傅，明确带教责任，加强教育和培养，使青年职工干有方向、学有榜样。

一个重点是建设六大培训基地。为全面落实新录用人员的培训要求，我们重点抓好培训基地建设，为他们提供良好的学习环境，提高学习成效。根据海事业务的特点，我局在海事业务种类齐全、具有良好师资等培训基础的宁波镇海、北仑、大榭和舟山沈家门、嵊泗、岙山等六个海事处建立新录用人员培训基地。每一个基地都有相应的培训重点，比如宁波北仑海事处为“大型集装箱船舶监管培训基地”、舟山沈家门海事处为“客渡船监管培训基地”等。各培训基地开辟专门场地、购置学习设施，为青年职工开展学习提供硬件保障。到目前为止，我局共投入300多万元资金用于基地建设，共有包括新录用人员在内的1000余人次参加了六个基地的实操培训，近200人次的指导教师参与教学。

在加强现有六大培训基地建设的同时，按照海事业务发展和队伍建设的实际，进一步拓展培训基地，明确各自定位，发挥比较优势，创建专业品牌特色。比如，充分利用第一巡查执法支队现有或即将配备的大型海事执法船艇、巡航救助船艇、清污船艇等专业功能船艇开展海上技能培训，把第一巡查执法支队建成全局范围海上专业技能培训基地；在杭州疗养院探索建立综合管理技能培训基地；各分支局还分别根据实际需要选定各自辖区内上规模的航运企业、造船企业等作为执法人员的实习培训基地等，进一步促进实操培训的系统化和规范化。

在抓好新录用人员培训教育的基础上，我们进一步加强了青年职工的在岗煅炼培养，并作为促进青年成长的主要手段和措施，重点在发挥青年职工的积极作用、激发青年职工的创造性、实现青年职工的自身价值等方面下功夫。

一是加强对中青年业务干部的培训教育。两年来，共选拔了80名中青年业务骨干进行为期两个月的海事业务和综合管理培训，努力提高一线骨干人员的综合管理能力、依法行政能力、战略思维能力和海事法律法规的研究能力，促使他们更好地在基层一线担当骨干责任、发挥引领作用。

二是开展职业发展规划试点。根据青年人的特点，我局在温州海事局开展职业发展规划的试点，分别从航海类、法律类、行政党务综合类等八大类设计职业发展规划，倡导“干中学、学中干”的理念，通过针对性实习、学习深造、岗位锻炼、课题研究等进行专业特性和共性的培养，引导青年职工处理好个性发展与职业发展之间的关系，准确定位，引领成长。

三是以课题研究带动青年成才。在课题研究、重大项目实施中，优先推荐和安排一线青年承担相应任务，注重从重点培养个别优秀人才向培养优秀青年团队转变，努力提高青年职工队伍的整体素质和能力，以此鼓励和引导青年成长为业务骨干。在近两年我局课题研究项目中，青年职工已经成为了主要力量，以我局危防处孙隽同志为代表的青年团队参加了《船舶温室气体减排研究》的重大课题研究，获得了“中国航海学会科学技术奖二等奖”。宁波海事局为系统跟踪国际公约和技术规范的现状和发展动态，研究国际先进海事监管模式，根据辖区海事监管实际开展对策性研究，成立了海事研究会，吸引青年参与，并在“跟踪研究国家行政法治和其它执法部门执法经验”等多项课题研究中，取得了良好成果。

三、活跃海事文化，增强青年职工归属感

近年来，我局针对青年的特点，积极组织有益于中心工作的开展，有益于增强青年人的素质能力，有益于青年身心健康的活动，努力为他们创造条件，提供服务，活跃文化，增强青年职工的归属感。

一是抓好青年职工的思想政治教育。坚持多渠道、深层次地加强与青年的沟通交流，深入了解青年职工思想动态，重视青年的个体需求和心理感受，结合青年关心的热点、难点问题，有针对性地开展思想政治工作，帮助青年树立正确的世界观、人生观、价值观，把好正确的政治方向。局领导经常利用下基层检查工作等机会和青年职工进行座谈，听取他们的意见和建议，教育和鼓励他们为海事事业作出贡献。在充分了解掌握青年心理需求和精神追求的前提下，开设青年讲坛，开展党日、团日活动，组织青年学习党史国情，开展专题教育和大讨论活动，引导青年树立强烈的责任感和使命感，将个人的成长与海事发展结合起来，把个人理想和事业融入到海事的实践发展中。在海事核心价值观和浙江海事科学发展大讨论活动中，青年职工积极建言献策，发挥才智，在浙江海事局论坛发表文章80多篇，提供各类建议400多条，提出许多有益的建议意见。组织青年职工积极参与各类岗位练兵和技能比武，促进青年立志岗位成才。2009年，我局以青年职工丁敏强同志为代表的船舶安检代表队在直属海事系统港口国监督检查技能大赛中获得个人第一名、团体第二名的好成绩，丁敏强同志因此获得“全国五一劳动奖章”，并在今年被命名为“浙江省劳动模范”荣誉称号。积极培育青年先进典型，组织开展了“新世纪优秀大学生”、“优秀青年”等先进典型的评选表彰。今年“五四青年节”前，我局和共青团浙江省委共同命名表彰了10位“青年岗位能手”，进一步弘扬创先争优的良好风气。

二是创建青年特色服务团队。近年来，我局把创建青年特色服务团队，作为青年工作应对社会发展新要求，结合海事实际服务社会的一项重要工作来抓，进一步体现海事青年价值，展示海事青年形象。基层各单位围绕中心工作，组建了25支共有近400名青年职工参加的青年突击队、志愿者服务团队等。通过开展法律法规宣传和社会服务，既增强了海事青年的服务意识和责任意识，又提高社会公众安全意识和对海事的知晓度，受到了社会群众认可。比如，在舟山海事局政务中心设立的“邵老师热线”，就是由一群青年人组成的服务团队，他们周到的服务受到了广大船员和社会的称赞。从送安全知识上船头到做好奥运、世博安保、搜救演习，从风景区讲解安全知识到研究大型船舶安全监管，从网上答疑到现场咨询，都活跃着海事青年的身影。同时，各单位积极组织青年突击队、先锋队，先后在抗雨雪冰冻灾害、防抗台风、重大险情救助、保电煤运输等应急行动中，冲锋在前，干在一线，在关键时刻发挥了关键作用，使青年职工在急、难、险、重任务面前得到历练和成长。

三是丰富青年职工文化生活。近年来，我们重视通过开展技能比武、文艺汇演、运动会等集体活动来活跃职工文化生活，促进队伍健康发展，青年职工作为主力军充分了展示了青春风采。我局多次组织参加了浙江省省直机关文艺汇演、“共守国门”口岸系统联欢会、建局十周年文艺汇演等大型活动，获得了好评。先后举办了“庆祝新中国成立六十周年”知识竞赛、“迎奥运、讲文明、树新风”和履约论文演讲比赛、“承十年风采展海事精神”青年辩论赛、军训队列会操、职工运动会等活动，青年职工积极参与，赛出了青年人的风采和水平。

四是营造关心爱护青年的良好氛围。在认真落实各项青年工作中，各级行政、工会及相关部门大力支持、积极配合，努力创造条件，为青年工作提供必要的物质和经费保障，不断营造关心青年、爱护青年、支持青年的良好氛围。首先，在工作经费上予以保障。我局将必需的青年工作专项经费列入财务预算，用于青年活动、青年人才培养等，为青年工作的开展提供必要的支持和保证。其次，把青年人才培养纳入发展规划。局领导领衔对青年工作进行了深入调研，在对青年人才现状进行分析和研究的基础上，形成了《浙江海事局青年人才现状分析及培养对策研究》的课题研究成果，为更好推进我局青年人才培养工作提供科学决策依据，并把青年工作和青年人才培养纳入发展规划中，明确有关目标、要求、任务和措施，有力地推动了青年工作。第三，职能部门齐心协力，为青年成长创造有利条件。工会等组织充分利用各单位“职工活动室”、“职工之家”等有利条件，开辟青年活动场所，吸引更多的青年积极参与各项集体活动。信息部门充分重视现代信息网络对青年的影响力，在海事网站设立专栏，开辟新的交流研讨渠道，拓展海事青年交流活动阵地。后勤服务部门针对多数青年职工还未成家或家庭不在工作地的实际情况，千方百计落实各项生活保障，解除后顾之忧。各级团组织发挥自身优势，积极组织开展各种青年联谊活动，加强对外联络，扩大青年交往范围。努力办好《浙江海事》青年专栏，汇集青年人的工作经验、心得体会和研究成果，展示浙江海事青年新形象。

近年来，我局在做好青年工作方面做了一些努力，取得了一定的成绩，但离上级的要求、青年的期望还有不少差距。青年的成长是我们事业发展的保障，我们将坚持“从思想上重视青年，从工作上锻炼青年，从生活上关心青年，从感情上贴近青年”的要求，进一步关爱青年、服务青年、凝聚青年，引领青年职工为推进浙江海事科学发展作出新的贡献。

培养时代有为青年　争当“四型海事”标兵

福建海事局

青年兴则事业兴！随着海峡西岸经济区建设的日新月异和福建海事事业的蓬勃发展，福建海事队伍不断发展。“十一五”时期，全局共录用各类人员352人，在岗人员总量从2005年底的641人增长到990人，平均年龄38岁，其中35岁及其以下人数377人，占总人数的38%。福建海事局党组充分认识到做好青年工作的时代意义，认真贯彻部海事局党组《关于加强和改进青年工作的意见》精神，按照构建“四型”海事的要求，立足福建海事工作实际，结合深入开展创先争优活动，采取“五个坚持”的有效措施，努力把青年干部职工培养成为推进福建海事事业科学发展的中坚力量。

一、坚持强化教育，切实增强青年思想道德素养，树立奉献海事理想

德才兼备，以德为先。福建海事局各级党组织始终将思想道德教育作为青年培养的重中之重，坚持用马克思主义中国化最新成果武装青年，引导青年积极投身保持共产党员先进性教育、深入学习实践科学发展观、创先争优活动以及各项主题实践活动，以社会主义核心价值体系和海事核心价值体系为重点，认真组织青年干部职工学习党的路线方针政策和上级组织重要会议精神，切实将思想和行动统一到上级的决策部署上来，统一到党组织对青年同志的要求上来，统一到推动福建海事事业发展上来，争当中国特色社会主义理论的坚定信仰者、科学发展观的忠实执行者、社会主义荣辱观的自觉践行者、社会和谐发展的积极促进者。

深入开展学习型团组织建设，教育青年牢固树立终身学习的观念，把学习内化为人生态度、生活方式和毕生追求，不断拓宽学习领域，完善知识结构。坚持思想政治教育与开展青年活动相结合，组织青年走进革命老区，重温党的光辉历程，缅怀革命先烈们的英勇事迹，增强青年弘扬革命传统、永葆先进性、服务海西发展的使命感和责任感。“五四”期间，组织福建局机关团员青年开展“牢记历史，奉献海西”爱国主义教育活动，参观林觉民、冰心、严复、林则徐等历史名人、革命先烈故居，感悟“乐牺牲吾身与汝身之福利，为天下谋永福”的革命精神和伟大情怀；泉州海事局青年深入革命老区开展学习体验，还结合海事工作实际为小学生讲授水上安全知识，体现了泉州海事青年融入地方、服务地方的精神。

二、坚持注重培养，鼓励青年争当拔尖人才，加快“三支队伍”建设

海事工作专业性强，将青年培养成为海事工作各领域的行家里手，对于提升“三个服务”水平、建设“四型”海事尤为重要。在部海事局的支持下，通过近年来的招录引进，目前福建海事局在岗人员中具有大专及以上学历（位）的843人，占总数的89.11%。在青年专业技术人才培养方面，福建海事局以推行海事职务等级标识制为契机，以初任、适任、转岗、提高和研究五大类培训为重点，不断加大对青年知识更新和专业技能提升的教育培训投入，通过岗位轮换、以师带徒等形式，增强培养效果，加速青年成长成才。十一五期间，共组织完成各类培训140多项，参加培训人员达6000多人次。

通过鼓励青年参与各类课题研究，深入开展各类人才评选活动，发挥物质奖励与精神奖励相结合的激励和导向作用，不断激发青年同志钻研业务、勇创一流的热情。与大连海事大学联合举办MPA

研究生班，全局52名同志参加学习。不断完善以能力和业绩为导向的评价机制，大力实施职称评审量化考评，注重选拔海事专业人才参加各类海事职业资格培训，有效地改善了人才结构比例。全局专业技术人员总数从“十五”末的473人增加到638人，增长了34.88%，拥有交通部直属海事系统各层次拔尖人才39人。

三、坚持搭建平台，拓宽青年成长渠道，帮助优秀青年脱颖而出

如何培养好、使用好青年，构建“人尽其才”、“人才辈出”的良好格局是福建海事局党组长期关注的重点问题。近年来，福建海事局认真开展青年培养措施研究，通过开展职业生涯规划，加强对青年的分类培养和个性化培养，不断提高青年培养的目标性、计划性，努力将各专业人才安排到最适合的岗位。积极丰富培养方式，大力推行助理制、导师制，加强传、帮、带；开展新录用人员跨部门、跨单位、跨专业的交流与实习；组织新录用航海类学生随船见习，有意识地安排新录用人员参加具有挑战性的课题及项目研究，大胆压担子，精心指导，加快年轻人才培养进度。将青年锻炼培养与急、难、险、重任务相结合，让青年干部在解决难题、应变复杂局面的实际工作中增长才干，敢于到艰苦环境中经受锻炼和考验，快速成长。

同时，福建海事局党组着眼中、长期领导班子建设的需要，将政治上靠得住、工作上有本事、作风上过得硬、群众信得过的优秀青年及时选拔到领导岗位上来，不断改善各级领导班子和领导干部队伍的结构。制定后备干部队伍建设长远规划，有计划、有方向、分门别类地选拔、培养、锻炼干部，努力建设一支数量充足、结构合理、素质优良、动态管理的党政后备人才资源库。加大青年人才交流力度，采取岗位轮换、挂职交流等办法，促进青年人才在福建局机关、分支局、海事处三级管理机构之间、分支局之间的合理分布与有序流动。

四、坚持丰富载体，以党建带团建，增强青年团体的凝聚力和战斗力

加强团组织建设是做好青年工作的重要基础和抓手。福建海事局各级党组织坚持“党建带团建”的原则，把青年工作纳入重要议事日程，为做好青年工作提供必要的物质保障、经费支持和组织支持。加强与地方团委的沟通联系，不断健全完善共青团组织，目前局机关和6个局属单位都成立了团委或青工委，实现了青年组织全覆盖。加强对团委日常工作的指导、扶持，给团组织交任务、压担子、提要求，并及时帮助解决团组织在工作中遇到的实际困难。紧密结合海事中心工作开展五四红旗团委创建活动，以引导青年争当推进海事发展的生力军为出发点，以丰富团员青年的精神文化生活为主要手段，积极探索新形势下共青团工作的新路子，坚持项目带动、品牌提升、有效运作、信息渗透，增强团组织的吸引力、凝聚力和战斗力。

按照“服务一流，管理一流，人才一流，业绩一流”的要求，着力抓好青年文明号创建工作，认真贯彻落实《国务院关于支持福建省加快建设海峡西岸经济区的若干意见》，深入开展“青年文明号优质服务示范月”、“青年文明号志愿者服务”等活动，在福建沿海港口开放、航运经济发展、沿海重点工程项目建设、修造船业提升等工作中主动参与、超前服务。目前全局共建成全国级青年文明号2个、省市级青年文明号18个。为培树海事青年的社会责任感，局属各单位以“五四”青年节、学雷锋日为载体，组织开展积极向上、主题鲜明、富有意义的青年主题活动，组建志愿服务队，开展海上安全知识进渔村、进课堂以及义务植树、爱心捐助、关爱农民工子女等社会公益活动。莆田海事局青年组建“当代妈祖海上搜救红十字志愿者服务队”，为海上搜救提供各类志愿服务，保障海上人命财产安全。厦门海事局组建了海上环保、窗口行业、支援农村、海上安全知识与法规宣讲等四支志愿服务队，专门设计了海事志愿服务徽章和志愿服务旗帜，有效展示了海事青年形象。

五、坚持防控结合，深入开展廉政风险防控，切实提高青年拒腐防变能力

青年处于工作作风和职业道德的定型期，周边的诱惑和不良风气容易对青年造成影响。针对这种情况，福建海事局党组将青年作为反腐倡廉教育的重点，在教育的内容、形式、手段、方法等方面不断探索，通过党员领导干部上廉政党课、开设廉政之窗网站、组织党纪条规学习、参加廉政知识测试、观看警示教育片和廉政书画摄影作品展等生动方式，以身边事教育青年充分认识腐败问题的严重危害，增强廉政教育的冲击力和有效性。同时引导青年参与廉政文化建设，编印廉政简报，建设廉政文化长廊，在OA办公系统醒目位置定期滚动播放廉政警语，积极营造爱岗敬业、诚实守信、公道正派、廉洁高效的廉政文化氛围。

针对青年职工多来自于五湖四海，身处海事一线与外界交流较少，以及面临着成家立业、经济负担重的实际情况，福建海事局各级党组织一方面加强青年思想政治工作和廉政教育，做好心里疏导工作，另一方面大力推进惩治与预防腐败体系建设，深入开展岗位廉政风险防控工作，全面排查风险源、制定风险防控措施，编制《福建海事局廉政风险防控工作指南》下发到每个干部职工手中，使之成为各个岗位可以随时对照提醒、便于操作的岗位廉政防控指南。认真开展执法人员收取“好处费”专项治理工作，规范工作程序和执法标准，强化明察暗访，教育青年算清“廉政帐”，自觉抵制“好处费”。

六、存在的问题和不足

虽然我局青年工作取得了一些成绩，但面临青年同志比例加大的新形势和福建海事事业又好又快发展的新要求，还存在一些不足。

一是我局青年工作现状与需要承担的任务、发挥的作用还不相适应。“十二五”时期是全面建设小康社会的关键时期，是加快发展现代交通运输、提高“三个服务”的能力和水平、促进福建海事事业又好又快发展的重要战略机遇期，需要通过扎实的青年工作，打造一支富有朝气、勇当时代先锋的青年队伍，为推动交通运输科学发展贡献聪明才智和力量。

二是我局青年工作方式方法创新不够，对青年职工的吸引力还有待进一步加强，青年干部队伍建设步伐需要进一步加快，服务青年、促进青年成长成才的途径还需要进一步拓宽，在准确把握青年职工的思想动态上还需进一步探索更有效的措施。

三是各层次团干都为兼职，日常工作较多，在从事团的工作中必然出现时间、精力不足的情况，影响共青团以及青年工作进一步提升。同时局属单位团组织之间以及与地方团组织的沟通交流还不够密切。

在今后的工作中，福建海事局将认真贯彻落实此次青年工作会议精神，继续坚持以党建带团建，加强思想引导、狠抓组织建设、强化创先争优，用科学的理论武装青年，用高尚的道德塑造青年，用先进的文化教育青年，不断提升全局青年工作水平和成效，引领福建海事青年为推动海事事业科学发展、促进海峡西岸经济区建设作出新的更大贡献。

凝聚青年力量　建功海事发展

广东海事局

近年来，广东海事局坚持以科学发展观为统领，围绕海事科学发展大局和青年成长成才需要开展青年工作，通过狠抓组织建设、加强制度保障、加大培训力度、打造团建品牌等有力举措，引导青年积极服务中心，服务社会，培养了一批又一批热爱海事、奋发进取、甘于奉献、作风扎实的优秀青年人才，青年工作呈现出组织稳定、保障有力、亮点频出、整体推进、平衡发展的良好态势。

一、青年基本情况

截至2010年12月31日，我局共有青年职工（35周岁以下）857人，占在职职工的22.1%。大学本科及以上学历681人，其中，硕士136人，博士1人。党员491人，团员450人（含保留团籍党员192人）。正处级干部1人，副处级2人，正科级39人，副科级155人。高级职称15人，中级职称162人。

二、注重培养，促进青年成长成才

青年，是海事事业的希望和未来。我局各级党政领导从事业发展全局的高度重视青年工作，在政策上向青年倾斜，在工作上给青年压重担，为青年提供更多发展的空间和展示的平台。

一是加强领导。我局于2006年底成立团委，设专职团干两名，全面加强团的建设。共青团工作成效显著，充分发挥了组织青年和凝聚青年的作用。团委每年召开一次工作会议，局领导出席会议并与青年代表亲切座谈。不定期开展领导与青年零距离交流活动，畅通上下沟通渠道。以文件形式，明确各级团组织活动经费列入单位行政经费预算，由行政专项拨付。

二是注重选拔。加大青年干部选拔培养力度，基层单位30周岁左右的青年担任中层领导职务的人数逐步增多，局机关也实现了不具有领导职务的科级岗位晋升的常规化。35周岁以下青年担任科级及以上职务的人数占青年总人数近1/4。通过竞争上岗和组织考察相结合的形式，选拔一批35周岁左右的优秀青年到处级领导岗位。推进机关与基层科级干部双向交流锻炼，选派优秀青年到地方政府挂职锻炼。实施青年专业技术人才培养工程，选送优秀青年骨干出国学习和参与国际交流，吸收青年人才参与重大科研课题和重大项目，积极为青年骨干创造干事创业的条件、机会和环境。

三是培树典型。挖掘、培养、宣传优秀青年和青年集体，发挥榜样示范、典型引路的积极作用，在全局形成了创先争优的良好氛围。大力推进争当“青年岗位能手”和争创“青年文明号”活动，涌现出一批先进青年集体和个人。截至目前，共创建全国青年文明号2个，广东省青年文明号7个，培树全国青年岗位能手2人，直属海事系统十大青年标兵1人，直属海事系统优秀青年4人。培树海事英模杨庆文，在全系统、乃至社会上掀起了学习杨庆文精神的热潮。

四是培养骨干。充分利用自有和社会教育培训平台，提供不同层次的培训计划，全面加强对新进人员、青年业务骨干的专业培训。组织每年新招录人员进行岗前培训。举办业务骨干培训班，重点培训专业技术骨干和非水上专业执法人员。选送非航海专业优秀青年到“海巡31”船随船学习。组织青年参加大连海事大学与瑞典世界海事大学合作举办的海上安全与环境管理硕士学位教育项目，已培养7批共34名青年。与大连海事大学合作开办MPA研修班，以提高高级管理人才的创新能力和管理水平，有40名青年参加了研修班的学习。与大连海事大学签署战略合作框架协议，成立MPA培养示范基地，为我局青年提供更多继续教育和提升素质的机会。

五是健全制度。建立健全利于改进和加强青年工作的领导体制、工作机制和组织体系。出台了《广东海事局科级干部挂职锻炼管理办法（试行）》、《广东海事局机关部分空缺中层副职领导职位竞争上岗实施方案》、《广东海事局人才培训管理办法（2009年修订）》，以及年度人才培训工作意见等文件，规范青年职工的培训、交流和选拔等工作。

六是提供平台。充分利用各种平台，给青年提供锻炼机会，帮助青年尽早成才。组织青年参加全国海事系统法律知识竞赛、礼仪知识竞赛、英语履约论文比赛和职工技能竞赛等，均取得了优异的成绩，名列前茅。

三、加强团建，凝聚青年建功海事

坚持“党建带团建”，充分发挥团组织的作用，依托团组织开展好青年工作。局团委通过“青春建功海事”、“青年凝聚力工程”建设等活动载体，带领青年建功立业，促进青年成长成才，有力地推动了我局青年工作的开展。

一是加强组织建设，实现基层网络全覆盖。通过巩固、完善基层组织体系，加强团员教育管理和团干队伍建设，不断扩大团组织覆盖面，增强团组织活力。截至2011年5月，除局团委外，共建立分支局团委3个，团总支7个，团支部46个。各级团组织都有明确的负责人，并按规定进行换届选举。基层支部均建立了读书会、兴趣小组等活动阵地，团的工作和活动正常有序开展，真正做到了组织网络覆盖全体青年，团的活动影响全体青年。加强团干部选拔培养力度，及时把有热情、有思路、有魄力的年轻党团员选拔到团的领导岗位。坚持不懈地推进团干素质提升计划，按照培养让党放心、青年满意的团干部的目标，有针对性地、定期开展基层团组织负责人培训，选送优秀团干部到交通运输部党校、中央团校培训学习。

二是打造活动品牌，坚持融入中心出效果。以“服务中心、服务社会、服务青年”的宗旨，开展共青团系列主题活动。开展青年突击队活动，主动承担海事“急、难、险、重、新”任务，开展劳动竞赛、岗位练兵、技术革新、课题研究和社会公益等活动，着力培养一批技术精、业务强、素质高的青年业务骨干。与团省委联合开展航海日系列活动，在青少年中普及航海教育，树立海洋意识和蓝色国土意识；联合开展“保护母亲河、清洁珠江水”珠江溯源活动，宣扬环保理念。与省青联联合举办“港澳特邀委员走进海事活动日”活动，加强对外交流合作。连续几年开展海事青年“安全惠民工程”，举办多种形式的安全知识宣传活动和水上清污活动。先后举办了“科学发展　青春畅想”解放思想大讨论、“科学发展、青年担当”演讲比赛和征文比赛、“新时代　新青年”向杨庆文同志学习活动、“珍惜工作岗位，热爱海事事业”廉洁从政教育活动、“关爱生命，安全发展”教育活动、“青春路、廉洁行”主题辩论赛等学习教育活动，注重以海事核心价值理念引导青年，以排头兵精神激励青年。不定期举办“青春大课堂”，邀请局领导、中层干部、业务骨干作讲座，帮助团员青年深化对海事工作的认识和对各专业的了解。

三是加强文化建设，倡导快乐工作在海事。连续4年举办“书香海事”读书月活动，以青年喜闻乐见的形式组织开展读书交流、荐书送书、读书征文等系列活动。举办“激扬青春，献礼国庆”青年才艺展示大赛，发现和储备青年文艺人才。开展五四片区团日活动，通过参观学习、互动交流等形式，增强团员意识，开拓团员视野。实施“迎亚运”海事青年健身计划，倡导为海事健康工作的理念。做青年的贴心人，开展为青年办实事活动，解决青年的实际困难。关心青年生活，在春节、中秋等传统节日组织慰问一线青年，联合省直有关单位举办单身青年联谊活动。

加强领导　创新机制
引导青年在海事事业发展中建功立业

广西海事局

近年来，广西海事队伍结构发生了根本性的变化。目前，35岁以下同志已经占全局职工总数的48.7%，其中90%以上拥有本科或以上学历，许多青年已成为海事业务管理工作的骨干，有的走上了中层或基层领导岗位，青年已成为我局干部职工队伍中富有朝气、富有活力、富有创造性的群体，成为推动广西海事事业发展的重要力量。广西海事局认真贯彻落实部海事局《关于加强和改进青年工作的意见》，坚持围绕广西海事科学发展大局，引导青年在实现广西海事跨越发展的生动实践中建功立业，青年工作取得显著成效，现总结如下：

一、从发展战略高度重视青年，切实加强对青年工作的组织领导

青年群体已占广西海事队伍总数近一半，他们的思想境界、道德水准、专业能力的高低，决定着广西海事未来发展水平的高低。鉴于此，广西海事局领导始终从全局战略的高度重视青年工作。2010年5月，召开了建局以来首次青年工作会议，从思想认识、工作思路、组织机构、工作措施等多方面，将青年工作纳入全局发展战略进行了总体部署。会后，局领导带队多次深入基层调研，全面了解青年职工的思想动态，形成了青年工作调研报告，并针对调研情况出台了《关于加强青年工作的决定》，以党组文件的形式明确从组织领导、思想政治、教育培训、选拔任用、先进典型培树等多方面加强青年工作。为加强对青年工作的领导，成立了以党政主要领导为负责人的两级青年工作委员会，明确了青年工作的具体负责的分管领导；召开了团员代表大会，对局团委、团支部进行了改选，进一步健全完善了两级团组织机构，选举出了一批有责任心、有能力的年轻团干，并以实际举措关心和支持团干部的成长，将全局所有的团干纳入组工干部培训班计划，推荐团干部参加中央党校培训。同时，将青年工作专项经费列入年度预算，用于青年活动、培训和奖励；健全了奖惩机制，明确把青年工作成效列入领导干部和各单位年度目标管理内容；明确把青年人才培养纳入广西海事局发展纲要，按照C、Y、O、R四个区域特点培养不同特色青年人才。全局青年组织体系和工作机制的全面构建，为青年工作的开展提供了强有力的组织保障。

二、加强青年思想政治教育工作，引导青年树立正确的人生观和价值观

一是加强对青年思想动态的跟踪了解和引导。党组下发文件建立了局领导联系点制度，明确局领导定期带队深入基层，采取听取汇报、召开会议、个别座谈、问卷调查等多种形式进行调研，全面、及时和准确地了解掌握他们的真实思想动态，通过沟通交流，有针对性地解惑释疑、加强引导。同时，在局内网了建立职工论坛，开辟了网上交流平台，为青年职工们畅通诉求渠道，全面了解青年心声，对于在论坛中反映出来的问题有针对性地进行交流疏导。

二是强化青年理想信念教育，坚持用马克思主义中国化最新成果武装青年。每年制定广西海事人员选读书目清单，推荐30至50本选读书目，为青年职工订阅中共经典著作等理论学习书籍，通过团支部、青年职工所在部门、海事处集中学习、自学相结合等方式，不断提高青年的思想政治素质。针对

我局情况，在全局开展转变观念大讨论活动，开展“论广西海事精神”演讲比赛等海事核心价值观培树活动，引导青年树立正确的世界观、人生观、价值观。

三是组织青年前往百色起义纪念馆等传统革命教育基地开展教育，加深青年对革命精神、爱国主义精神的理解。组织青年前往露塘监狱、南宁监狱等廉政教育基地参观，教育青年职工自重、自省、自警、自励。

三、加大青年干部培养选拔力度，为青年职工搭建成长平台

在全局确立了“人才到基层去，干部从基层来”的干部培养选拔理念，通过采取竞争性选拔、机关与基层之间双向交流，分支局之间横向交流等多种方式培养选拔青年干部，使一批政治可靠、业绩突出、作风扎实、管理水平较高和有培养前途的优秀青年干部逐渐走上领导岗位。近三年来，局机关先后安排8名优秀青年到分支局挂职锻炼，选拔了16名基层干部到机关挂职锻炼，选拔20名优秀青年干部担任分支局局长助理、机关处长（主任）助理职务，帮助年轻干部丰富阅历，增长才干。

建立梯次搭配的后备干部队伍。我局按照“选拔使用一批、培养锻炼一批、战略储备一批”的要求，实行后备干部队伍梯次配备、有序递进、接力培养。特别是重点抓好一批35岁左右处级后备干部，同时，注意跟踪掌握30岁左右的优秀青年干部作为培养对象，采取集中培训、交流轮岗、选派挂职、基层锻炼等措施，加大培养力度。

四、创新青年教育培训方式，不断提高青年职工业务技能。

以局“培训提高年”活动为主要抓手，加强对青年的岗位能力培训，尤其是突出对青年执法人才的培养，切实提高他们的业务技能、执法水平和服务能力。

一是严格执行轮岗见习制度和集中培训制度。新进人员见习期内不分专业，一律安排在机关各业务部门、基层海事处和一线执法岗位轮岗实习，增强对海事工作的整体感知；同时，必须参加广西局组织的集中培训，提高适岗能力。近几年来组织216人次新进人员在广西局机关与各分支机构之间、沿海局与内河局之间、分支机构内部之间进行交叉实习；有226人参加了集中培训。

二是加强外部合作，建立人才培养新机制。与上海事局、中海国际签订签订合作协议，先后选派62名执法人员到上海海事局跟班学习，选派24名执法人员随中海国际所属船舶见习。

三是拓宽途径，精心组织执法人员区域交流。选派64人次执法人员进行C、Y、O、R区域内交流学习，熟悉本区域内的水上监管工作重点及难点，加强培养CYOR四型区域特色人才。

四是鼓励青年参加继续教育。制定《广西海事局职工教育管理办法》，进一步完善继续教育相关的补贴、职称评定和评优表彰等制度，与大连海事大学等签订战略合作协议，在广西举办了MPA班，进行了4次集中授课，共培训了39名青年同志。

五是不断加强青年岗位技能训练。举行了首届“广西海事局青年业务知识竞赛”，开展了搜救演练竞赛活动、橡皮艇大赛等专业技能比赛活动，让青年职工在竞赛中加深对专业知识的理解，在青年中形成一种“学业务、比业务”的热潮，在全局范围内形成了一种营造勤练岗位技能、研究海事业务的良好氛围。

五、积极培树先进典型，树立青年职工的标杆

挖掘、培育、学习、宣传先进典型，是我局加强青年工作，提高青年素质的一项重要措施。在组织好向杨庆文同志学习的同时，我局积极培树、宣传广西海事青年先进典型，在青年中创造学习先进、争当先进的热烈氛围。2009年，根据徐祖远副部长批示，全面宣传我局青年执法人员蒋海荣同志

忠于职守、严格执法的先进事迹，提炼了“胸怀理想、脚踏实地、岗位成才的实干精神，勤奋学习、善于思考、勇于实践的探索精神，忠于职守、严格监管、热情服务的职业精神和遵章守纪、一身正气、廉洁执法的自律精神”，在全局范围内掀起了学习蒋海荣同志活动的热潮。2011年，发现挖掘了陈雄斌同志长期扎根基层，心系海事，恪尽职守，勤奋工作，无私奉献的先进事迹，在全局开展了学习陈雄斌同志“情系基层、无私奉献的献身精神，恪尽职守、精益求精的敬业精神，勤学上进、自强不息的进取精神，严于律己、克己奉公的清廉精神”。通过培树典型，树立导向，在全局青年中形成了“比、学、赶、超”的良好氛围。

六、以创建“青年文明号”为主要载体，激发青年职工的活力和创造力

在全局范围内部署开展“青年文明号”创建活动，以此为载体推动各项青年活动蓬勃开展，不断激发青年职工的活力和创造力。一是结合我局实际情况，引导海事团员青年以“立足岗位做奉献”为主题，围绕中心工作开展青年特色奉献活动。多年来，坚持为边远地区渡船登记、船员培训提供上门服务，免费培训4417名船员；为地方政府及有关部门培训768名冲锋舟驾驶员、海上缉私船船员；积极帮助扶贫点青年取得船员资格上船就业；关爱留守儿童，到偏远山区开展扶贫助学；组织开展安全知识“进村入校”、“进家庭到船舶”等活动。二是积极组织青年加强对外交流。组织参加了自治区组织的“中越青年大联欢”活动，实现与国外青年友好亲切交流，建立跨国友谊；同时积极与当地的海关、公安、检验检疫等有关单位积极开展联谊活动。三是关心青年职工个人生活。开展形式多样的知识、技能及文体竞赛活动，组织了足球、篮球、气排球等体育活动，努力改善青年职工生活条件，对于青年职工关心的住房、夫妻两地分居、因交流难以照顾家庭等问题，积极想办法予以照顾。四是主动加强与团区委、区直团工委等上级团组织的工作联系，制定了广西海事局与团区委合作开展的青年文明号创建管理办法，独立自主开展区（省）级及以下的青年文明号创建工作，形成了海事部门的“青年文明号”创建体系。面向更高层次的青年文明号也在积极创建当中，截至目前，百色海事处、钦州海事局已获得全国“青年文明号”称号。

围绕中心，齐心协力
努力锻造当主力打头阵的海事生力军

海南海事局

几年来，海南海事局认真落实部局《关于加强和改进青年工作的意见》要求，紧紧围绕海事中心工作，不断完善青年工作思路，丰富工作内容，创新工作手段，有效提高海南海事青年队伍的素质与能力，努力打造一支思想素质高、业务能力强，能吃苦，会战斗的海事生力军，为海南海事的科学发展打下了坚实的基础。

一、海南海事局青年工作基本情况

几年来，随着海事队伍结构的不断优化，海南局35岁以下青年232人，接近全局在岗职工的三分之一，具有研究生学历的青年人占全局研究生总人数的73% 。海事队伍呈现出前所未有的蓬勃朝气。这群青年文化素质相对较高，思维活跃，自我意识强，关心海事的发展。在局党组的重视与关心下，分布在不同岗位上的青年人已经崭露头角，逐渐成长为各自岗位上的业务骨干和管理人才，他们的政治素质、价值观和业务能力同时也带动了海南海事队伍素质的整体提高。

二、海南海事局青年工作主要做法

（一）强化理论武装，提高海南海事青年综合素质

一是不断提高海南海事青年政治理论素养。结合新时期青年政治思想工作的特点，针对青年的心理和精神需求、按照“体验和感悟”的特点设计政治理论教育方案，广泛利用网络、论坛、微博等媒体，引导青年进行正确的社会观察，正确看待发展中的成绩、问题和矛盾，不断获得新知识，掌握新技能，把学习的体会和成果转化为谋划工作的思路、促进工作的措施、开展工作的本领。二是不断提高海南海事青年的实践能力。定期组织青年开展“走进基层”系列活动，结合基层实际提出建设规划和措施，推动青年工作健康发展。三是不断提高海南海事青年的业务能力。通过成立海事青年专题课题小组、开展学术论坛、举办演讲比赛等活动，为青年职工的成长、成才搭建一个展现自我、超越自我的舞台，不断提升海事青年的业务知识水平，增强了青年参与水上船舶交通安全监管研讨的意识。

（二）加强队伍建设，注重海南海事青年人才培养

一是加强青年执法专业人才和拔尖人才队伍建设。在全局实施青年专业技术人才培养工程，在游艇安全监管、西沙海事监管、琼州海峡渡船监管等重大科研课题的研究中注意吸收青年人才参加。培养了一批能够承担海事重点课题研究的青年优秀人才。通过开展以“游艇安全监管”为主题的海事青年优秀论文评选及演讲，激励青年围绕海事事业发展需要，大胆创新，大力营造青年骨干干事创业的条件、机会和环境。

二是加强青年党政管理人才队伍建设。海南海事局加大了年轻干部选拔培养力度，分层次、分类别、有针对性地对青年干部进行培养，在分支局各处室设立为期一年青年助理锻炼岗位；在局机关各处室设立为期三个月的青年实习岗位。局属各级党组织从长远出发，加大了对青年干部的培养、使用，已有多名80后年青人通过培养走上了科级领导岗位，一定数量的海事青年作为处级后备干部进入

了后备干部人才库。

三是加大先进典型培树力度。为鼓励广大海事青年岗位成才，定期组织开展直属海事系统优秀青年、海南省五四青年奖章、“五四”红旗团组织、优秀团员和优秀团干的评选活动，先后有多个组织和个人被授予海南省“五四”红旗团组织、五四青年奖章、直属海事系统“优秀青年”等表彰，今年1名同志荣获直属海事系统“十大青年标兵”荣誉称号。今年五四前夕，采取民主推荐、全局干部职工无记名投票的方式组织开展海南海事局首届“十佳青年”评选活动，有效激励了广大青年立足岗位，创先争优。

（三）服务青年成长，发挥海南海事青年生力军作用

一是打造青年品牌，激发青年活力。海南海事局青年工作依托各级团组织，以服务大局、服务青年为主线，认真落实党建带团建的工作部署，扎实开展创建“五四红旗团委（支部）”活动，不断深化“青年突击队”、“青年岗位能手”、“青年文明号”等品牌创建工作，有力地推动了海南海事青年工作深入开展。

二是发挥青年作用，推行优质服务。在大力推广已取得“青年文明号”单位的好经验、好做法的基础上，积极开展青年文明号优质服务承诺活动，将争创青年文明号“微笑窗口”、“微笑使者”的活动贯穿到“执法为民，服务社会”水上船舶安全监管的工作中，在博鳌亚洲论坛、国际环岛帆船赛等大型活动中表现突出，受到行政相对人和社会各界的充分肯定。

三是提倡奉献社会，成立青年志愿者队伍。海南海事青年志愿者协会的青年志愿者注册人数达到216名。青年志愿者队伍结合海事中心工作组织开展各类水上交通安全咨询、扶贫助困、渡口帮扶、爱心捐助等志愿服务，有效培养了海事青年的奉献精神和服务社会的能力，不断提升海南海事的社会影响力，塑造了海南海事建功海南国际旅游岛建设新形象。

四是加强文化建设，丰富青年的文化生活。为进一步提高团组织的凝聚力，激发广大海事青年的工作热情，海南海事局结合青年工作特点，利用“元旦”、“春节”、“五四”、“国庆”等重大节日，成功举办了“青春　和谐”元旦青年联谊晚会、趣味运动会、迎春团拜会等各类内容健康、积极向上、寓教于乐、形式多样的文娱活动，定期开展海事青年影视放映活动，增强青年职工之间的沟通和交流，极大丰富了广大青年职工的业余文化生活。

（四）重视青年工作，切实加强对青年工作的领导

一是理顺关系，各级共青团组织健全。全局各级共青团组织经选举已全部建立，团的各项工作制度完善，建立了35岁以下青年信息档案库；深入推进党建带团建工作，把团青工作纳入局属各单位党群工作年度目标任务中，年初布置、年中检查、年终考核，形成党团工作同部署、同考核、同发展的良好局面。

二是加强领导，建立领导干部联系青年制度。局党组每年定期听取共青团和青年工作汇报。建立局属单位领导班子成员联系青年制度，落实青年工作责任，建立局青年网上信息交流平台，开展全局干部职工与青年信息沟通交流。

三是重视青年思想政治工作，建立青年思想动态定期分析报告制度。开展了青年职工思想状况调查问卷活动，开辟海南海事青年论坛，编发海南海事团讯，建立青年交流QQ群等，深入开展青年职工思想教育工作。

三、海南海事局青年工作的几点体会

回故过去几年的海南海事青年工作，我们深深地体会到，要做好海事青年工作必须把握新时期

青年工作的特点，努力实现在思想政治工作上做到“以人为本”、在青年培养工作上做到“持之以恒”、青年的活动上做到“生动灵活”、竞争激励机制要做到“奖惩得当”。

（一）思想政治工作做到“以人为本”。要根据青年职工的现状和特点，关注青年的生理、心理和精神需求，因地制宜、因事制宜、因人制宜，将思想政治工作做到青年职工的心坎上。对其生活、工作、婚恋等方面都要给予人性化的关心和关怀，真正达到“拴心留人”的效果。

（二）青年培养工作要做到持之以恒。要建立培养青年的长远规划，课题小组给予一定的资金扶持，引导青年职工钻研海事业务，发挥其专业优势，服务海事中心工作。加强青年干部的岗位锻炼，让青年人在岗位上拓宽视野、锻炼成长。

（三）青年活动要做到灵活生动。要针对青年价值趋向多元化，行为方式易受外界影响的特点，努力实现由被动式、封闭式、说教式活动向主动式、开放式、体验式活动的转变；要针对青年生理心理需求独特、感性体验成分多的特点，努力使现有说教式活动向体验式活动的转变，不断在活动中培养青年合作精神和团队意识。

（四）竞争激励机制要做到奖惩得当。要在青年职工中建立强有力的竞争激励机制，彻底解决“干多干少一个样，干好干坏差不多”的问题。在青年职工中形成“能者上、庸者下，勤者奖、懒者罚”的强有力的竞争激励机制，从而达到鼓励先进，鞭策后进的目的和作用，让他们学有榜样、赶有目标。

青年是最宝贵的人力资源、最积极的促进因素、最充满生机和活力的群体，今后，海南海事局青年工作将不断转变或更新思想观念，适时调整工作方式，努力提高工作效率，以协调、服务为原则，服从、服务于海事中心工作，力求在感情上贴近青年、形式上吸引青年、服务上赢得青年。在青年成长成才的关键时期积极为他们搭建平台、创造条件、提供机会，为海南海事的科学发展提供强有力的后备力量。

推进“四项工程”　给力“五化建设”

长江海事局

长江海事局负责长江干线水上安全监管和船舶防污染工作，担负长江干线水上通信管理和引航管理职责，下设12个局属单位，现有职工7649人，其中在岗4315人。目前下设二级单位团委12个，三级单位团委2个、团支部（总支）76个、青年工作小组28个，有40周岁以下在岗青年职工1695人，团员308人，另有聘用青年职工近100人，所辖武汉海事学校有学生团员2400余名。

近年来，长江海事局共青团和青年工作在局党委和上级团委的正确领导下，紧密围绕全局“五化建设”战略，始终坚持“三个服务”（服务中心，服务青年，服务发展），深入推进“四项工程”（青春建功、青春导航、魅力青春、青春家园），团结带领广大团员青年“与长江海事共奋进”，新创建全国青年文明号3个、青年岗位能手1名，省级青年文明号4个、青年岗位能手1名，省级红旗团委1个、红旗团支部1个，省级青年安全示范岗2个，2名青年获全国海事系统优秀青年，3名青年获长江航务管理局十大杰出青年。

一、大力实施“青春建功”工程，青年的创造活力明显发挥

充分发挥共青团的组织优势，凝聚起团员青年的年龄、知识、活力和创造力优势，并转化为建功五化的行动优势。一是“五化建设，青年建功”行动蓬勃开展。紧紧围绕中心，注重寻找青年工作与“五化”建设的切入点，坚持每年围绕“五化”建设开展“五个一”活动，实现了青年活动与“五化”建设的有效结合。二是争创青年文明号、争当青年岗位能手活动成效显著。深化青年文明号争创和青年岗位能手评选活动，提高青年文明号创建的规范化程度，积极开展了“真情助困进万家”等活动，鼓励青年文明号集体弘扬职业道德，转变职业作风，为社会提供优质服务。三是青年突击队和青年安全示范岗创建活动积极有效。服务安全监管中心工作，在防洪战枯，奥运、世博安保等重点时段组建青年突击队，深化青年安全示范岗创建活动，引导青年在急、难、险、重的任务中发挥生力军和突击队作用。四是青年志愿者行动丰富多彩。推进志愿服务小型化，团队化，经常化，制度化，在春节、“三五”学雷锋、国际志愿者日等时段开展服务社会、扶困助学等活动；结合行业特点，每年开展“保护母亲河”、“安全知识进校园”、“六五”世界环保日、“一二　四”法制宣传日、船员流动学校等安全宣传活动。据不完全统计，目前全线团员青年共资助28名大、中、小学生完成了学业，正在组织资助困难学生36名、困难家庭27家，累计资助金额近15万元。

二、大力实施“青春导航”工程，青年的共同信念明显坚定

坚持贴近青年、贴近中心、贴近时代的原则，积极探索新时期青年思想政治工作的规律，把思想政治教育做深、做细、做实。一是抓好了理想信念教育。抓住新中国成立60周年、五四运动90周年契机，“与长江海事共奋进”、“与海事共奋进，为旗帜添光彩”等主题教育实践活动有力推进；张德江副总理视察长江后，及时组织开展“长江大发展，青年怎么办”大讨论活动，团员青年奉献海事、服务发展的自觉性和坚定性进一步增强。二是抓好了教育引导方式方法创新。开展了长江海事局青年思想状况调查，克服点多、线长、人员分散和困难，实现了全覆盖。网上思想政治教育和交流蓬勃开

展，青年园地、海事论坛等栏目三年来共发布各类青年信息2000余条，长江海事青年思想教育的形式和内容进一步丰富。三是抓好了青年文化活动。“学国学，修己身，扬文明”、“读新书、求新知、做贡献”团员青年读书和征文活动持续开展，大力送书下基层，为基层43个团支部、5个青年工作小组建立了青年书架，全线青年职工在各类刊物网络发表学习论文千余篇次，海事青年文化建设进一步推进。四是强化了青年人文关怀。积极为团员青年学习、工作、生活提供人文关怀，在青年交友婚恋、文化娱乐、心理疏导等方面积极创造条件。

三、大力实施“魅力青春”工程，青年的发展实力明显提升

重视青年的成长要求和发展需求，为青年成长发展，出实招，办实事，求实效，打造出了海事青年的青春魅力。

一是精心搭建了青年人才脱颖而出的广阔舞台。开展具有长江海事特色的导师带徒活动，探索了职业生涯导航和青年人才培养新机制。通过开展“青年风采大赛”、“弘扬海事精神，践行三个服务”演讲比赛、“青春、责任、使命”青年论坛等青年喜闻乐见的活动，促进优秀青年人才脱颖而出。每两年开展一届长江海事局“十佳青年标兵”评选、表彰和宣传，抓好优秀青年典型的发掘。抓住我局职工姚泽炎同志荣获全国先进工作者，并获张德江副总理批示和接见，及作为全国交通运输行业重大典型学习宣传契机，开展了“走近姚泽炎”等活动，用身边的典型教育青年，引导广大青年树立正确的成才观，激励更多青年在实践中成才。二是拓展了青年参政议政渠道。建立青年参政议政长效机制，每月开办“青年心声”网上接待日活动，每年至少邀请一位局领导在网上与青年对话，打造海事青年参政议政品牌。每年在局职代会前开展“团员青年与职工代表面对面”活动，把青年人的提案带到职代会。三是加强了团干和青年骨干队伍建设和管理。协助党委管好团干，一些青年通过竞争性方式选拔为团组织负责人，加强团干部党性锻炼，狠抓团干部能力和作风建设，实行团组织负责人年度述职制度，在推动团的工作落实中促进团干部健康成长。三年来，全线各级团组织先后推荐了89名优秀青年职工加入中国共产党，数十名优秀青年被提拔充实到局属各单位中层干部岗位，2名青年荣获全国海员工会“金锚奖”，3名青年被评为长航青年科技标兵，服务青年人才的手段不断丰富。

四、大力实施“青春家园”工程，团建科学化水平明显提高

通过提高团建科学化水平，建设好、维护好共青团这个青年人自己的家园，让青年人想家，爱家。一是党建带团建全面落实。积极贯彻落实长航局党委《关于进一步加强新形势下长航局系统共青团和青年工作的意见》，坚持党建带团建，配齐团委干事，营造了良好的团建环境。二是团建基础工作全面规范。统一了共青团年报系统，统一了共青团工作台帐，编发长江海事共青团工作制度汇编，提高团建规范化水平。持续深化“红旗团组织”创建活动，培育了一批长航局以上层次的红旗团委和红旗团支部，下属重庆海事局团委正努力争创重庆市十佳红旗团委，芜湖海事局团委连续4年评为芜湖市共青团工作综合考评一等奖。三是团的基层组织建设全面加强。召开了共青团长江海事局第三次代表大会，指导重庆局、武汉局、引航中心、宜昌局召开团代会，荆州局召开团员青年大会，安庆局、武汉局和南京通信局成立了青年工作委员会，宜昌局完成了基层团支部换届。根据团的十六届三中全会做好“中等职业学校团组织建设和工作”的总体要求，切实加强了武汉海事学校学生队伍团建工作，校园团活动丰富多彩，服务好学生，帮助他们“成功出校门”。四是共青团“品牌工程”初见成效。坚持长江海事共青团工作中形成的好做法，对好的工作项目要连续抓、持久抓、创品牌，初步形成长江海事共青团工作“一局（中心）一品牌”的良好局面，其中芜湖海事局团委打造的“八百里皖江一帆风顺”列入交通运输部“十二五”十大文化品牌，目前进入与安庆海事局团委共创阶段。

加强领导 多措并举 全面推进龙江海事青年工作

黑龙江海事局

黑龙江海事局青年工作在局党组的统一领导下，认真贯彻落实部海事局党组《关于加强和改进青年工作的意见》，结合实际，突出特色，多措并举，全面开展形式多样、内容丰富的青年活动，并取得了阶段性工作成绩。现将工作的主要做法汇报如下：

一、领导高度重视，青年工作稳步推进

按照局党组的工作部署，我局成立了以局党政主要领导为主任、分管领导为常务副主任、班子其他副职为副主任、局机关各处室负责人为成员的局青年工作委员会，切实加强对青年工作的组织领导，健全完善了我局青年工作的领导体制和工作机制。明确任务和要求，把青年工作纳入重要议事日程，把青年人才培养纳入目标管理，确保我局青年工作制度化、规范化。结合纪念“五四”青年节，局党组组织青年职工进行座谈，局领导与青年职工进行交流，了解他们的思想和工作生活的实际情况，进一步理清思路，明确工作方向，为下一步青年工作的开展奠定了基础。

二、完善机构设置，大力加强青年组织建设

2010年我局在广泛调研、多方筹措下成立了团委。在局团委的积极协调下，各分支单位均成立了团组织，青年活动开展有了自己的组织和舞台。团委自成立起，便树立了明确的指导思想：围绕党政所谋，针对青年所需，尽展组织所能。在成立团委后，局高度重视团干部的选拔任用工作，配齐配强团干部，挖掘优秀青年人才走上领导岗位。

三、增强青年工作的活力，把团组织打造成青年工作的坚实阵地

把团的工作渗入到青年群体的日常工作生活中，变“突击式”为“常态式”，团的活动形式变“静坐”为“多维”，团的活动主体变“单兵作战”为“全员参与”。团组织活动不仅在“五四”之际集中举行，而且还建立了长效的、健全的工作机制，定期召开团的工作会议，把青年工作常态化。目前我局在全局青年群体中成立了兴趣小组，并组织了相关活动，得到了青年同志们的积极响应。

四、提高青年综合素质，加强青年人才队伍建设

（一）努力搭建学习、沟通平台，完善交流、培训机制，将青年同志“催熟”成合格海事官。近年来，我局定期举办各种形式的专业培训，通过集中学习、个别带教、案例分析、总结提高等方式，把通常需要多年工作实践方能积累的经验浓缩在案例中学习。通过一系列举措的实施，使大家对海事执法业务中的具体问题有更深入地了解，使大家更好地融入海事日常工作,尽早肩负起海事发展的重任。

（二）积极开展轮岗锻炼和重点任务培养，引导青年在实践中增长才干和本领。一方面，让年轻人走进基层海事处，了解海事日常基本工作和流程，近距离地和行政相对人接触，进一步明确海事工作的核心和内涵，以使自己今后的各项工作有的放矢；另一方面，每年在停航期，进一步完善“以工

代培”机制，抽调分支局及基层海事处的青年人员到局机关进行交流、培训，使其从宏观上了解全局的基本情况和发展方向，更好地指导未来的工作。轮岗锻炼使得青年同志在更短的时间内熟悉海事工作的各个流程和环节，为今后的工作奠定了良好的基础。

（三）逐步推进人才分类培养，针对不同类型的青年人员“因才施管”。对于新录用的人员，以实践锻炼为主，对于已有几年工作经验的青年同志，根据他们的特长，结合我局实际工作需要，进一步明确发展方向，制定培养计划，有目的、有步骤地进行培养。对于在一线执法的青年职工，以海事执法人员基本功的培养为主，重点考察其日常工作，并通过培训、交流全面提高他们的素质。分类培养使得人才的发展更具科学性和针对性，同时也增强了青年同志们的工作热情，目标也更加明确了。

五、开展丰富多彩的青年活动，彰显龙江海事良好形象

（一）充分发挥海事特色，围绕中心工作开展主题活动。充分利用航海日、环境日等具有鲜明海事特色的节日，开展具有海事特色的活动。以特殊节日为契机，通过发放倡议书、现场咨询和签名等方式，向社会群众、港航企业职工、船员宣传相关法律、法规、条例和水上环保知识，倡议大家从自身做起共同保护航行环境，自觉节俭消费，崇尚绿色生活，实施清洁生产，并通过活动扩大海事的影响力和知名度。

（二）坚持贴近实际、贴近生活的原则，创新主题团活动的形式与内容。将理论学习与海事文化建设相结合，探索团活动的新内容、新途径、新方式，引导海事青年自觉遵守明礼诚信、遵纪守法、团结友善、勤俭自强、敬业奉献的基本道德行为规范，加强团活动的针对性、时效性，增强团活动的吸引力、感染力。

六、大力开展青年志愿者活动，充分调动龙江海事青年服务大众、回报社会的积极性

充分利用海事青年掌握的专业知识与技能，组织开展形式多样的志愿活动。在帮助社会相关弱势群体、环境保护等公益活动中，充分发挥自身优势，在不断探索中寻找服务社会、完善自我的最佳结合点。各级团组织逐步完善青年志愿者工作的组织体系，探索构建青年志愿服务项目体系，建立健全青年志愿服务的工作机制，树立龙江海事青年志愿服务品牌。目前，黑龙江海事局青年志愿者已启动了“海事进校园、关爱你我他” 帮扶农民工子女结对活动，定期走进校园对口帮扶农民工子弟。同时，我们还与团省委形成联动机制，积极参加当地青年志愿活动，为城市“美容”。

七、建立健全选拔、评估、激励机制，畅通青年职业发展途径

在积极探索青年成才规律，铺就青年成才道路的同时，建立、完善优秀青年人才的选拔、评估、激励机制。采用课题研究、定向培训、学术交流、轮岗实践等方法鼓励青年在自己专长的领域深入挖掘、下足功夫，努力成为专家型及复合型人才。在培养选拔人才的过程中，充分重视建立动态评估机制，采取定性或定量分析的方式，对一段时期内青年的工作表现进行分析总结。把考评结果作为选拔任用青年的主要参考，鼓励青年多做研究，多出成果，营造良性竞争的环境。另外，对于青年在工作、学习中取得的成绩及时给予肯定，以激励其继续前进；对于工作中发生的失误本着警示、教育的态度，鼓励其承担责任，吸取教训；对于表现优良，具备发展潜力的纳入后备视野重点关注；对于有自身研究成果、对某一领域研究精深的优秀人才纳入人才储备库并向上一级举荐。同时，加大对青年后备干部的关注力度，积极开展交流和轮岗，输送优秀青年干部到基层一线工作，有计划、有目标地进行培养锻炼，为龙江海事长远发展输送优秀人才。

以立体化的培养方式，构建青年岗位成才的坚实阵地
——深圳海事局创新青年人才培养方式方法的探索与实践

深圳海事局

深圳海事局探索建设海事科学发展的“试验田”、海事国际化现代化的“窗口”，在青年工作方面坚持创新和实践，坚持围绕中心服务大局的基本方针，以培养青年岗位成才为主要任务，横向构建保障青年成才的“坚实阵地”，纵向打造加速青年岗位成才的“快速通道”，旨在特区的海域上，培养一支敢闯敢试、不断超越的海事青年人才队伍，以成为海事科学发展的“试验田”上的先锋队和实现海事国际化现代化的生力军。

一、构建136青年工作体系，夯实有利青年岗位成才的坚实阵地

坚持“党建带团建”的核心理念，以“三个平台”助推青年岗位成才驶入快车道，通过“六支队伍”拓展青年成才的广阔空间，努力实现青年的快速成才和批量成才。

（一）坚持党建带团建，使党领导下的团的各项工作和活动影响全体青年

1.公推直选团干部，激发团组织工作活力。

2010年初，深圳海事局率先在全国交通运输系统内采用“公推直选”方式完成了团委的换届选举，并且设立了专职团委书记。“公推直选”，使全局青年的主体意识得到了进一步增强，新一届团委的责任感得到了进一步强化，全局青年工作呈现积极向上的活力和创造力。

2.适应海事执法模式改革，实现党建带团建全覆盖。

我局青年大部分集中在基层单位。自执法模式改革以来，我局在各基层单位成立二级党委，科级及以下人员的管理权限下放，使青年人在基层单位获得良好的工作环境和广阔的成长空间。近两年来，已有14人以全局竞争上岗的方式走上基层单位科级领导岗位，占近年入职人数的15%。

3.支持青年挂职锻炼，提升青年素质能力。

我局从2007启动青年团干部挂职培训计划，已先后选派两期优秀基层团干部到深圳团市委进行挂职锻炼，既加强了海事系统和地方团组织的联系和沟通，又为地方团组织了解海事青年开辟了通道。宝安海事处党委选派科级干部到深圳市西乡街道办挂职，已有5名青年业务骨干和科级领导干部参加。通过参与地方政府的事务性工作，海事青年的视野拓宽了，服务意识增强了，对海事的荣誉感和归属感也进一步增强了。

（二）坚持特色人才培养，“六支队伍”拓展青年成才的广阔空间

1.激励青年创先争优，树立先进典型，挖掘重点人才进行重点培养。

我们以“学习型团队”为抓手，定期开展“青年标兵评选”等活动，挖掘岗位成才的青年人作为重点人才进行重点培养。在深圳最偏远的大亚湾海事处的洪汇勇同志，扎根基层五年，成为国内LNG船舶管理的行家里手，连续两年被评为直属海事系统优秀青年，今年同时获得了直属海事系统十大标兵和深圳市劳模。宝安海事处“敢于担重的责任先锋队”，平均年龄不到28岁的四个小伙子，承担了26公里土坡码头的十几个装卸点的安全监管任务，用爱岗敬业的热情、敢于担当的信念和能够担当的智慧，解决了工作中一个又一个难题。

2.提供展现舞台，在竞争中检验人才，选拔紧缺人才抓紧培养。

我们充分发挥团组织的作用，为青年人创造条件和提供机会，使青年在各项活动和工作的过程中崭露头角。我们每年都开展的专项技能比武，已涵盖危险品管理、签证查验等多个方面，南山海事处的“女子开箱队”，已成为专业领域的佼佼者，在打击危险品谎报瞒报方面起到了强大的震慑作用。

3.丰富青年人的业余生活，营造和谐文化氛围，发现优秀的人才优先培养。

我们注重在青年工作中深植“深海”文化品牌，组建“深圳海事超越号”帆船队、深海青年讲堂等载体，作为我局培养青年的特色平台，在磨练青年人品质意志、锻造团队精神等方面起到了积极的作用。我们的海事义工、宣讲队等融入地方社会公益活动，展现了海事青年乐于奉献的精神，让“深海青年”成了深圳城市靓丽的风景。

（三）坚持构筑“三个平台”，助推青年岗位成才驶入快车道

我们建立了三个层次的沟通平台，了解青年的思想动态和工作状况，疏导青年人的思想压力，增强青年岗位成才的动力。

1.开展定期思想调研，具体问题具体分析，确保青年思想工作有的放矢。

局团委定期采用调查问卷的方式，对青年思想状况进行分析，抓住带有普遍性的思想问题，明确思想工作的重点。调研涵盖工作满意度、工作压力、发展需求等多个方面。尤其在涉及青年人自身权益的决策中，我们充分考虑青年意见，及时且有针对性采取措施。

2.举办“深海”对话，开展各级领导干部与青年人的直接交流。

我们设立的“深海对话”平台，根据青年人成长发展的特点，不定期开展“既有鲜明的党性和原则性，又兼顾青年性格特点”的主题对话活动，以平等互动谈话的方式，实现对青年进行思想疏导的目的。不仅让青年人从正常途径了解全局性的重大决策以及背景，可以及时消除青年的困惑及不确定因素，更能增加青年对组织的信任和尊重。

3.拓宽媒介载体，畅通青年沟通渠道。

积极利用新媒体手段，是新时期做好青年工作必须拓展的新平台。我们结合社会热点事件，组织引导青年在内网“深海论坛”发表看法，及时了解掌握全局青年思想发展趋势，适时进行引导和疏导；我们还在局党建网设立青年工作专栏，及时发布与青年有关的政策法规和相关文件，给予青年充分的知情权和参与权。

二、建立立体培养格局，以“三个阶段，三个转变”打造青年岗位成才的快速通道

我们通过建立适合青年人才培养的立体体系和阶段运行机制，实现人才分步骤、分阶段跟踪培养。

（一）第一阶段：基础阶段，由“分散式自发成长”向“集中式目标培养”转变。

基础阶段主要针对工作1至2年的新入职人员，帮助其实现从“学生”到“职工”的转变。

1.集中开展海上实践培训，夯实青年人才专业知识基础。

我们对见习期的所有新入职人员，开展集中初任培训和集中海上实践。以参加半军事化管理的海上巡航实践工作为主体，促使新入职青年尽快建立海事管理模式下的组织纪律性，全方面熟悉深圳辖区水域特征，扎实掌握海事工作基础内容。

2.坚持特色文化引导，使青年人自觉融入海事大家庭。

在连续五年开展的海事文化活动季中，都设有专门为新入职人员开展的专题文化实践活动。我们开展的“寻找我身边的闪光点”活动，引导青年学会欣赏别人，将深圳海事核心价值观体系深植青年人的脑海中。我们还针对该阶段青年人社交圈子窄等特点，组织青年参加大运会志愿者、公务员进社区等活动，在引导青年树立正确的价值观的同时，丰富青年业余生活、扩大青年交流范围。

3.引入“新人导师”制，对青年人实行“双向双轨”培养。

双轨，即对新入职人员在集中培训的同时，采用“导师包干制”培养。组建业务骨干为“新人导师”，以“一带一”的方式教导新人开展工作。双向，即一方面可以让新入职人员较早地接触海事业务，另一方面，也加强了作为“导师”的青年人的锻炼，有利于领导人才的培养，形成双赢的局面。

（二）第二阶段：岗位培养，由“临时性随机培养”向“稳定性规划”培养转变

主要针对参加工作2–3年的青年人，帮助其找到适合自己的岗位，实现人岗匹配，工作效率最大化。

1.建立青年人才分类培养机制，有方向性地培养和使用新人。

我们初步建立了以“三支队伍”为核心，向专业技术人才和党政管理人才拓展的分类人才培养机制。编制《人才分类及认定标准》，将青年人分类纳入不同的人才库，并以此为初始定岗和轮岗交流的依据，对各岗位人员进行分类培养，为青年人建立多线并行的职业发展通道和上升空间，也为培养和锻造行业领军人物奠定基础。

2.建立双向选择定岗机制，使个人能力和组织需求最大程度统一。

科学引导青年找准职业定位，可以实现人员和岗位的相互促进。我们正在探索的双向选择定岗机制，就是由人事部门统一公布空缺的岗位和所需人才，需要定岗的青年按照自己的优势填报岗位，按照考试排名确定岗位。不但能保持原有按需分配的优势，而且充分发挥了青年人的主观能动性，促使他们不断学习。

3.完善工作轮岗机制，在培养海事专才的基础上，着力培养一专多能的海事通才。

我们在原有的科级及以下人员交流的基础上，增加个人自愿报名和挂职锻炼等手段，以培养发展前途、素质能力较强的年轻干部为重点，进行培养性交流轮岗，全面提升青年的能力和知识，为培养更多的通才奠定基础。

（三）第三阶段：能力培养，由“只训不考的单一培养”向“包括人才培养、效果评估、晋升挂钩的系统培养”转变

主要针对参加工作3–5年的青年，以高精尖的培训帮助其提高综合素质，以有效的评估考核给予人才不断上升进步的空间

1.开展高端的业务培训。

根据各类专业型人才和综合型人才的需求，有计划地选派青年执法人员参加与工作相关的培训，提高青年综合素质。“十一五”期间，选派19人参加“大马班”学习、23人参加远洋船舶随船见习、54 人参加船厂实践学习，为建设“三支一流专业队伍”打下基础。

2.建立人才考核机制和评估体系。

以《人才分类及认定标准》为基础，结合工作实绩，对青年干部进行考核评估。考核内容包括业务能力、沟通与交流能力、服务意识等，综合考核成绩得出的评估结果，提出发展建议。适当地将评估结果与激励相结合，有利于优秀人才脱颖而出。

3.选拔使用年轻干部走上科、处级领导岗位。

在领军人物和领导干部人选的遴选上，我们坚持重心向下，面向基层，开阔视野，既对现有骨干出课题、压担子挖掘潜能，又敢于大胆启用新人，对优秀的、有培养前途的年轻干部“早压担子早成才”，对通过提供机会而发现的优秀人才、通过公平的竞争机制而涌现出来的佼佼者，打破常规，及时使用，把他们用在最适合展现其才干的岗位上。

近年来，青年人已经逐步成为各局工作的主体力量，青年干部职工价值观、人生观等各项特征及发展趋势，对海事事业的健康发展起着举足轻重的作用。部、部局一直非常重视青年工作，我们结合深圳海事局的实际工作情况，对青年工作做了些探索和实践，希望能为兄弟单位全面有效推进青年工作提供参考，谢谢。

tex
ZPMC

POSTSCRIPT

“未来在青年手里，我们在青年身边，信任青年就是相信未来，爱护青年就是热爱未来，给青年创造支点，让青年创造未来。”这是2011年6月30日直属海事系统青年工作会议上，交通运输部副部长徐祖远对海事系统各级领导提出的要求。

中国海事肩负着“保障水上交通安全，保护水域环境，保护船员利益，维护国家主权”的重任。特别是在当前，作为中国海事离事归政后的第一代海事官，他们还承担着推进中国由海员大国向海员强国转化、推动中国由海运大国向海运强国挺进、服务中国由海事大国向海事强国转变的重任。

海事青年是我国海事事业发展的生力军和突击队。目前40岁以下的青年人已经占到直属海事系统总人数的40%。做好海事青年工作，造就一支高素质的青年队伍，对我国海事事业的当前和长远发展都具有重要意义。

海事系统历来重视青年、重视青年工作。本书就像一位见证者，她不仅记录了全国海事系统加强重视青年工作的不断探索，还记下了不同时期、不同场合，各级领导对海事青年的重视和关爱。

她记录了徐祖远副部长的殷切期盼：年轻的中国海事官们，我期待你们能够坚守信仰，忠于使命，勇于行动。你们应该比其他人更懂得发展海洋经济对我们伟大民族复兴的重要意义，也都应该用这句话共勉：中国人的荣耀来自于海上，中国人的屈辱也来自于海上，中国人的尊严还要从海上找回来！

她记载着交通运输部海事局常务副局长、党组副书记陈爱平的情真意切：青年的成长发展，需要单位和组织对这个群体多一份关注、多一份尊重、多一份包容，需要我们积极营造厚爱严管的氛围。

她写下了交通运输部海事局党组书记、副局长许如清的细致部署：要大胆向青年交任务、压担子；要积极探索创新符合青年需求、适应青年特点、广受青年欢迎的活动载体；要调动青年的参与热情，拓宽青年的参与渠道，鼓励广大青年为海事的科学发展献言献策；要引导青年广泛参与到推动海事发展的实践中去，努力营造全体海事青年乐于创新、善于创新的环境氛围……

“桐花万里丹山路，雏凤清于老凤声。”正是在各级领导的无私关爱下，一代又一代的海事青年勇于担当、甘于奉献，为海事事业做出了突出贡献。

青年工作是一项只有起点没有终点的工作。让我们携起手来，以战略的眼光重视青年工作，以创新的思维改进青年工作，以务实的举措加强青年工作，通过扎实有效的工作，共同为海事系统的更好更快发展做出应有的贡献！

那些绽放的青春

THE BLOOM OF YOUTH